我坚持，我成功！
I will persist until I succeed.

I will be likened to the raindrop
which washes away the mountain;
the ant who devours a tiger;
the star which brightens the earth;
the slave who builds a pyramid.

I will build my castle one brick at a time
for I know that small attempts, repeated,
will complete any undertaking.

I will persist until I succeed.

我愿意化作冲洗高山的雨滴，
吞噬猛虎的蚂蚁，
照亮大地的星辰，
建起金字塔的奴隶。
我要一砖一瓦地建造自己的城堡，
因为我深知滴水穿石的道理。
只要持之以恒，
什么都可以做到。
我坚持，我成功！

坚持者赢

I Will Persist Until I Succeed

胡敏 著

中国青年出版社

（京）新登字083号

图书在版编目（CIP）数据

坚持者赢　胡敏著．—北京：中国青年出版社，
2011．5
ISBN　978-7-5006-9915-6

Ⅰ．①坚…　Ⅱ．①胡…　Ⅲ．①成功心理—青年读物
Ⅳ．①B848．4-49

中国版本图书馆CIP数据核字（2011）第069134 号

责任编辑：彭明榜
封面装帧：孙初
内文设计：林业

中国青年出版社 出版 发行

社址：北京东四12条21号
邮政编码：100708
网址：www.cyp.com.cn
编辑部电话：(010) 57350506
门市部电话：(010) 57350370
三河市华润印刷有限公司印刷　新华书店经销

700mm×1000mm　1/16　10.875印张　140千字
2011年5月北京第1版　2011年5月河北第1次印刷
印数：00001—20000册
定价：24.80元

本书如有印装质量问题，请凭购书发票与质检部联系调换
联系电话：(010) 57350377

我人生的第一桶金（代序）

曾经有个记者问我："你创办新航道集团，也算个企业家了，你的第一桶金是多少？是怎么挖到的？"在他看来，我的第一桶金一定是一笔不小的钱。

当时我这样回答他："我的第一桶金只有十几块钱，是一担一担地挑土挣的。"他听后摇摇头。

我说的是真的。那是我生平挣的第一笔钱，数目不大，对我的人生而言，却价值不菲。尽管以后我也曾一次挣到不少钱，但在心里，我一直把这十几块钱看作我人生的第一桶金。

那年我12岁，初二上学期刚上完。寒假期间，我向父母提出要打一份工给自己赚学费。父母起初不同意，因为当时在乡下只有体力劳动能够赚一点钱，也就是说，我只能去做一个童工。但禁不住我的再三请求，同时也想让我受点磨炼，他们终于答应让我试试。

村子附近的沱江正值枯水期，河床露出来，下面是厚厚的黄土，正好做砖瓦厂烧制砖瓦的原料，村里许多人都趁着农闲去挣这份辛苦钱。父母便让我也去给砖瓦厂挑土，反正是按重量计价，挑多赚多，挑少赚少，自己可以量力而为。当时正好有一个外村来找活儿干的表叔也要去挑土，父母就让我和他一起去。

第一天，我拿了锄头和土筐跟着村里的人下了河床。湖南的冬季最低温度达零度，空气湿度大，风一吹寒冷刺骨。但为了方便干活，我只穿了件衬衫，冻得直哆嗦。从挖土的河床到收土过秤的地点有一里多路，还要爬上高高的河岸，劳动强度很大，一般只有壮劳力才会来干这活儿。在长蛇阵一般的挑土队伍中，我的年龄最小，个头最矮，挑着几十斤的担子一路跟跑，根本就不敢停步，生怕放下担子就再也没有力量挑起来。好不容易走到收土的地方，因我的个子太矮，踮起脚，土筐也挂不到秤钩上，司秤阿姨拿过几块砖让我踩上去，才把土称了。

大半天土挑下来，肩膀早肿了，担子一压上去就针刺一样疼。晚上回到家，浑身上下没有一块肌肉不酸痛。第二天早上我费了好大的劲才从床上爬起来，胳膊疼得不行，腿又酸又胀，肩膀好像比前一天更痛。真想好好休息一下，可是我感觉到，只要自己一休息，肯定就不会再去挑土了；今天坚持不住，前一天付出的努力就全白废了。吃完早饭，我拿了工具又直奔河床。

第二天干下来，手上的血泡和肩膀上的皮肤全都磨破了，火辣辣地痛，心里苦得简直没法说，晚上躺在床上我偷偷问自己："明天还干么？"

第三天早上，和我一起挑土的表叔先打了退堂鼓："实在干不动，太累了！"他的手上也磨出了血泡，肩膀上磨掉了一层皮。送走表叔，父母让我不要再去挑土了。一个壮劳力都受不了，何况我还是个孩子。这时候我的犟脾气却让我不服输："我就不信坚持不下来。"

那挑土的长蛇阵中,只有一半的人坚持到了最后一天,我就是其中的一个。我的手上已经长出了老茧,肩膀早被压麻木了。

砖瓦厂年三十发工钱。为了领钱,我刻了生平第一枚私章,看着上面的"胡敏"两个字,我特别有成就感。当我把十几元钱交给母亲时,我看见眼泪在她的眼睛里打转,我也不由得笑着流出了眼泪——我终于可以挣钱帮补家里了!

按照家乡的习俗,年三十晚必须洗一个澡,换一身干净衣服。脱衣服时我才发现,肩膀上结了一层厚厚的血痂,这层血痂已经跟身上穿的衬衫粘在了一起,不用说脱衣服,一拉都痛得钻心。我不想让母亲看到这些,就简单擦洗了一下,之后把新换的衣服直接套在了旧衬衫上。

晚上母亲洗衣服,找不见旧衬衫,就问我:"你那旧衬衫呢?"

我说:"我放在那里了。"

"在哪里呀?"母亲来回翻找。

我看瞒不过去,才说还穿在身上。

母亲让我把旧衬衫脱下来,我脱下了外面的衣服,露出了那件脱不下来的旧衬衫。当母亲见到衬衫上的血痂,泪水一下就涌了出来……

我平生挣的这第一笔钱,十几块钱,挣得很辛苦,真的是血汗钱。但正是挣这第一笔钱的经历,让我明白了一个道理:再苦再难的事,只要自己不放弃,就能坚持下来;而只要坚持下来,就能成功!

这以后,我在事业上取得了一些成绩,都可以说是得益于挣这第一笔血汗钱的经历。这十几块钱,谁能说它不是我人生的第一桶金呢?

目录 CONTENTS

我人生的第一桶金（代序）/ 001

01 / 我的努力没有骗我

人生几十年，谁能料定 /002
在厕所里听收音机 /007
两本英语书 /009
第一次考研名落孙山 /011
我的努力没有骗我 /014
陌生的北京 /017
我是民工 /019
也曾无业 /023

02 / 那个骂我的女生

精彩的大学生活始于树立目标 /028
你的大学你做主 /032
做学习上的"自燃人" /036
那个骂我的女生 /040
大学毕业前必做的18件事 /044
把时间花在阅读经典上 /047

03 / 每个人都可以成为"特模"

把自己定位在"锅底" /052
80后蚁族靠什么改变命运 /057

人生是一条无法预知的曲线/061
成长就是逼着自己向前迈/064
没有迈不过的坎/067
别因"短板"抹杀了你的优势/069
每个人都可以成为"特模"/072
言辞如树叶　行动才是果实/076
价值25000美元的纸条/079
美国小伙中国职场成功记/082

04/成功留学才是真留学

你为什么要出国留学?/106
成功留学必经的三个阶段/109
成功留学才是真留学/112
留学期间这样打工最有效/117
普林斯顿大学为何拒录4000名全A生/122

05/英语是怎样"炼"成的

中国大学生的"补丁"英语/128
大学里有没有人告诉你英语有多重要/133
为什么多数人学习英语只能浅尝辄止/136
英语是怎样"炼"成的/140
五步升级你的　脚语音语调/144
什么英语单词值得你背记/148
你的交流如何更加得体/152
英语表达中除了说更要"做"/160
英语书面表达"十字真经"/164

01/

我的努力没有骗我

人生几十年，谁能料定

当你相信自己能创造奇迹时，
当你为创造奇迹付出努力时
——奇迹就真的产生。

少年时期，是一个人开始认识自我、发现自我的时期。就是在那时，我非常幸运地遇到了一个人，他从真正意义上改变了我的人生轨迹，帮助我发现了自己的潜力，并给了我一个努力的方向。

这个人，就是我高一时的英语老师陈春安。我们的相识非常具有戏剧性。我上初中时他的夫人王玉梅曾是我的班主任。为了一件事我在他家大吵大闹，甚至胆大包天地掀翻了煤灶，这个举动连我自己都被吓呆了，愣在那里，心里知道闯了大祸。此刻陈老师正在窗台上挂窗帘，我就等着他一个箭步跳下来，给我一拳或者一耳光。那时在乡下学校，老师打学生是一件再平常不过的事，何况这个学生还掀翻了老师家的煤灶。可是陈老师不但没有冲下来揍我，反倒对我笑了一下。我更加害怕，把他的表情当成了狞笑，心想："不会有更可怕的惩罚在等着我吧？"结果，出乎意料，什么都没有发生，我只是被批评了一顿。

我升入高中，再一次与陈老师相遇。他教英语，后来我听说他是一名转业军人，凭着自学成才做了教师。有时我到他家，看见墙上挂满了当时在小地方难得一见的英文报刊，他总是旁若无人地面对着它们大声朗读。那时我的英语还停留在用中文注释发音的水平上,听着他的朗读,感觉他是那么潇洒,那么令人肃然起敬。

第一次期中考试结束,陈老师在班上为英语考试前几名的同学搞了个颁奖典礼,奖品是县城里唯一能够买到的英语学习资料——英语广播教材。我在下面羡慕地看着同学们一个个上台领奖。颁奖结束,陈老师说:"期末考试后我还要奖励一批取得好成绩的同学,希望大家努力学习,到时候我会亲自把奖品交到你们手中。"说这话时,他的眼睛一直看着我。我觉得,他的这些话是说给我听的,他是在在鼓励我好好学英语,争取获得期末的奖品。这使我顿时热血沸腾。从小除了父母之外,几乎所有人都没有对我抱过什么希望,我的心中充满了自卑。现在陈老师用他的眼神和语言向我传达了一个信息:你有能力,你能成功!我心里暗暗发誓:一定不能辜负他的希望,一定要学出点样子给他看看。

从此我发疯一样地学起了英语,认真地一点点啃,一点点学。我知道自己并不比别人聪明,所以别人看一遍书,我就看两遍、三遍,别人做完卷子向旁边一放,我则把答案一盖,再做上几遍。

期末考试结束,陈老师叫住了正准备回家的我:"胡敏,晚上到我家里来一趟,我和王老师要去县里看电影,你帮我们看一下家。"

晚上我准时到了陈老师家,谁知他指着桌上的一堆卷子说:"今天让你来,是让你批两个班的卷子。"

我吃了一惊，不敢相信地问："我？我行么？"

"怎么不行？"陈老师说："你的答卷就是标准答案。"

第一次听到这么高的评价，我的心激动得好像马上要燃烧起来，我简直不知道该说什么好。

更大的奖励还在后面。当我伏在桌上批卷子时，班里的同学都跑了过来，原来陈老师故意放出风去，说我正在批全班的考卷，性急的同学都挤在陈老师家的窗前，在外面冲我喊："胡敏，我的卷子批完了么？多少分？"

当你相信自己能创造奇迹时，当你为创造奇迹付出努力时——奇迹就真的产生。这次经历不但使我体验到了什么是成功，更让我体验了追求成功过程中那种快乐的感觉。从此，我只要看到英语单词就会不由自主地激动，就会把它反复不断地背下来，直到它真正属于我。

教了我一年英语之后，陈老师被调到地区师范专科学校。临行前他专门找我谈了一次话："胡敏，你一定要到县一中去读书，那里的教学质量是全县最好的，你有潜力，一定能考上大学。"他的这句话把另外一种人生展现在我面前。那时刚恢复高考不久，"大学"这两个字在一个少年的眼里是那么的陌生和金光四射！

"我能考上大学么？"我怯怯地问自己。

"我一定能考上大学！"我自信地回答。

经过努力，我终于转入了县一中。办完转学手续，我兴冲冲地参观校园，却发现贴在墙上的成绩榜上，我的姓名排在最后一位，当时我真恨不得地上有个洞好钻进去。心头的地震稍许平息后，我找到班主任，向她要了一份所有同学的名单，把它放在书包里，开始发奋苦读。同学们全都休息的时候，我不休息；其他人出去玩的时候，我不出去。我知道自己现在的位置，更知道自己拥有的时间——离高考仅剩短短的一年。当时学习资料少，我就把所能找到的课本、工具书和卷子拿过来一遍遍地看，一遍遍地做，有的时候看得眼睛都花了，一行字被看成几行。高中时代正值青春花季，有些情窦初开的男生女生偷偷约会，我朦朦胧胧感觉到也有女孩子向我"放电"。可是我的目标只有一个：考上大学。为了这个目标，我甘愿放弃享乐，去做学习路上的苦行僧。因为我知道我已面临人生路上的关键时刻，我必须用最后的冲刺决定未来。

我在战略上背水一战，战术上却步步为营。每一次班上考试之后，我都可以超过几个同学，这时候我就把那份花名册从书包里拿出来，把考在我后面的几个同学的名字从上面划去。我并不奢望自己成为最好，但我知道自己每一天都在进步，每一天都在离目标更近一点。

高考成绩公布那天，所有同学和家长口中都在说着我的名字。因为他们听到了一条新闻：有一个叫胡敏的学生从转学到一中时的最后一名，在短短一年时间里一跃成为全县英语高考"状元"。收到录取通知书的当天，我给陈老师写了一封信，把这个消息告诉他。当时他已经凭着多年自学考上了东北师范大学的研究生，并被英国皇家语言学会吸收为会员。半个月后，我收到他的回信，其中一段话，让我热泪盈眶：

"当年你掀翻我家的煤灶，学校专门为此开了一个会，会上决定开除你。征求我的意见时，我坚决不同意，我说：'人生几十年，谁能料定！'你果然没有辜负我的期望，终于长成了一棵树。"

"人生几十年，谁能料定！"这句话从那一天起成了我一生的座右铭，它伴随着我、鼓励着我，从家乡中学走进湘潭大学，从湘潭大学考进上海师范大学，再走到北京，走进国际关系学院，走进中国民办教育的浪潮里，一直走到今天……

在厕所里听收音机

英语有情,
我对她痴迷,
她回报了我一份今天这样的人生。

从我开始表现出学习英语的热情之后,父母就在各个方面给予我帮助。在当时的条件下,除了课堂之外,唯一能够接触英语的方式就是收听英语广播教学节目。为了能够让我听到这些节目,父亲从自己有限的收入中挤出钱来给我买了一台收音机,是那种便携式的,现在除了公园里的老人还用它听新闻之外,已经很少有人用了,但那时它对于我来说真是一件宝贝。我天天把它揣在口袋里,同时还费尽心机,把所有能收听到的英语教学节目的调频与时段都记下来。后来由于听得熟了,我对哪个时段有什么英语节目都了如指掌,就像现在的小孩子记得动画片的频道和播放时间一样。为了听这些英语节目,我基本上是早起晚睡,不放过任何一次收听,重播的机会也不错过。太晚了我就躺在被窝里听,一直听到睡着,有时候半夜醒来耳边响着的就是节目结束后沙沙的信号声。

最难忘的一次收听是在一个任谁也想不到的时间和地点。高考前学校组织历史模拟考试,考试时间正好与我常听的一个英语节目撞车。这个节目我已经一课不落地连续听很长时间了,实在不想中途缺课,可模考又必须参加。思来想去,我决定用最快的速度答卷，以便赶上收听节目。为了达到这个目的，我把收音机带进了考场，在发卷之前就调好了节目的波段。一拿到考卷，我匆匆作答，别人还在研究题目的时候，我已经答了好几道题，答完之后，来不及检查，立刻交卷。监考老师吃惊地看着我，不相信地问："答完了？"

"答完了！"说完，我就跑出了考场。跑到走廊里才发现自己是第一个交卷的，整个校园静悄悄的，操场上一个人都没有。到哪里听收音机呢？走廊里不行，学校要求交卷后立刻离开教学楼，以免影响其他学生；操场上也不行，一个人晃来晃去，引人注目，一会儿就会有老师出来盘问；没有到放学时间，学校的大门还紧紧地关着，不让人随便出入。英语节目马上就要开始，怎么办？情急之下，我想到了一个地方——操场上的公共厕所里。考试期间，人最少的就是那里了，没有人打扰。唯一的问题是卫生条件差。但为了听节目，我也顾不得这么多了，一头冲进厕所，打开收音机。县城中学供千余名学生使用的厕所可不是如今北京的星级厕所，那可是气味刺鼻，臭不可闻，但我还是一直坚持到节目结束才从里面走出来。

这样不间断地收听英语，使我尝到了成绩大幅提高的甜头，也使学习英语成了我的一种生活习惯。直到现在，我都坚持每天与英语亲密接触两个小时以上。英语有情，我对她痴迷，她回报了我一份今天这样的人生。

两本英语书

一本是我梦寐以求的《英语语法手册》，
另一本旧书竟是《英英辞典》。

上高二时，我从乡中学转学到县一中，此后就经常到书店和文化馆去找英语学习类书籍，可是找到的也就是那么几本广播教材，工具书更难得一见。为了支持我学习，26个字母都认不全的父亲，利用去长沙开会的机会，到书店、书摊上去为我找书。有一次他回来，从包里拿出两本厚厚的英语书给我。接过沉甸甸的书我兴奋不已，一本是我梦寐以求的《英语语法手册》，另一本旧书竟是《英英辞典》，里面注的还是韦氏音标，所有的内容、注解都是英文，以我当时的英语能力是根本啃不动的。父亲当然不会知道这本他辛辛苦苦从旧书摊上觅来的英文书已经大大超过了我的接受能力，他充满期待地问我："怎么样？能用上吗？"

我左手拿着《英语语法手册》，右手拿着《英英辞典》，充满感激地说："能，能用上。"

《英语语法手册》被我装进了口袋，另一个口袋里是那台同样不离身的收音机。在我的衣服当中，只有一件黑夹克的口袋能够同时装下这两件宝贝。于是从1978年的11月到1979年高考前，我就一直穿着这件黑夹克，即使在湖南酷热的夏季也没脱下它。往往是脏了马上洗，干了立刻穿，我把它称为我的学习服。经过8个月的反复学习、背诵，那本《英语语法手册》完全被翻烂了，我不得不用大量的透明胶布把它粘起来，到最后它的厚度与重量绝对不亚于一本辞典，里面的内容被我背得滚瓜烂熟。这种左右开弓的学习给我的语法打下了坚实的基础。升入大学后，我和同学打赌，只要他说一个《英语语法手册》当中的例句，我就可以告诉他那句话在书中的哪一页，而且丝毫不差。这手"脱口秀"的绝活每每令同学们大为叹服。

那本《英英辞典》，我一直珍藏在身边。虽然我一时无法读懂它，但是它对我的意义已经绝对不是一本普通的工具书，它是一个父亲对儿子的期待。我知道，父亲从长沙背回这本书，是要让我学好英语，他对我怀着深深的希望。所以，那段时间，每当我抚摸着那略显粗糙的古旧的封面，看到父亲在酷热的盛夏把脚泡在凉水中伏案写作的身影，就一边加劲"左右开弓"地修炼，一边给自己鼓劲：总有一天我会读懂这本书，为了这一天，我一定要更加勤奋，更加努力。

第一次考研名落孙山

让所有人大跌眼镜的是，
我报了某大学的中文系辞典编纂学专业。

一进入大四，我就下定决心，准备考研。80年代初，研究生这个词儿对于所有人来说都是挺神秘的。由于大学期间我的学习成绩一直名列前茅，老师和同学们都对我充满了期待。大家都说："胡敏，你一定要搏一下，大家都看你了，英语专业如果有一个人能考上研究生，那个人就一定是你。"

听了这样的话，我一方面信心倍增，一方面又不禁有点飘飘然。在选研究生专业时，让所有人大跌眼镜的是，我报了某大学的中文系辞典编纂学专业。说来惭愧，选择这个专业，最重要的原因，是它在当时比较时髦。就像前几年MBA很风行一样，80年代初大家都在搞学问，而这个专业说出来就透着学问气。我憧憬着厚厚的辞典上如果用烫金字印着自己的名字，那该是多么风光的事。

在我开始备考时，第一个困扰出现了：它既不是来自家庭的反对，也不是我有畏难情绪，而是外面世界的诱惑。当时学校安排英语专业毕业班学生外出实习，实习内容居然是到桂林去做两个月导游。在那时候，做导游是一件挺风光的事，又是去"山水甲天下"的桂林，在人们心目中简直是公费旅游，所有同学们听到这个消息都兴高采烈、奔走相告。而我还从来没有离开过湖南，只是在电影里看见过外面的世界。这一次简直是千载难逢的好机会。当时我的心里非常矛盾，去实习，就意味着丧失两个月宝贵的考研准备时间；不去实习，这样的机会在大学里不可能有第二次，而自己是班长，如果不参加学校组织的实习，请假实在张不开口。然而，最终我还是选择准备考研，因为如果失掉了这两个月就等于放弃了考研，而我坚信考研是改变自己人生的一次重大机会，实习和旅游以后还可以通过其他方式补偿，失去了改变人生的机会，则是不可弥补的一大损失。于是，我向学校请假，不去桂林实习，而是留校为考研作准备。老师和同学们听说我这个决定，钦佩者有之，诧异者有之。但我没有管其他人怎么看怎么说，而是在把所有同学送上开往桂林的火车后，回到空荡荡的住处，开始从头学习辞典编纂学专业研究生考试的三门专业课——辞典学概论、古代汉语和古典文学。为了备考，我把学校图书馆里有关这三门专业的书借回来，认真学习，仔细研究。由于此前没有接触过这些专业课，也没有老师辅导，我完全靠自学啃着那些晦涩的文字。事实证明，这种学习方式消耗了我大量的时间和精力，效果却并不理想。当我走进考场时，心里也一直惴惴不安，没有多大把握。

　　成绩公布时，我几乎掉下了眼泪，成绩差之毫厘，结果却失之千里，我的第一次考研名落孙山。而根据当时的政策，再次考研必须在工作两年以后。我觉得，这样的结果对于我几个月来的努力奋斗是那么不公平，我的付出没有得到回报，同时还辜负了家人、老师和同学的期望。我很沮丧。

在经过长时间的反思后，我明白了一个道理：无论做什么事情，必须考虑个人的优势和准备得是否充分，仅仅依据个人喜好或者盲从时髦，是不明智的。如果当时我选择的是自己擅长的英语专业，或者更早一些作出换专业备考的决定，就可以有更多时间，就会使我免遭这次失利。

我的努力没有骗我

那是一个考研改变命运的时代，
考取了研究生，
我的命运由此准备下了以后种种改变的可能。

大学毕业后，我作为优秀毕业生留在母校湘潭大学任教。我憋着一口气，等着两年后可以再次报考研究生的机会。这一次，我认真思考了很久，决定还是报考本专业。我给自己的选择总结了三个充分的理由：第一，我喜欢英语，两年的英语教学使我发现自己最喜欢的还是英语。第二，我喜欢教育，古人说"得天下英才而育之，一大乐事也"，我觉得站在讲台上是一件很有成就感和使命感的工作，准备在这个职业上做一辈子，做到最好。本科所学的知识已经满足不了这种需求，要成为一个优秀教师，就应该在知识和技能上进一步提升。第三，能够发挥我的优势，经过四年专业学习和两年教学实践，我在英语专业方面已经具备了较强的实力。

明确了目标，就好像射击找到了靶子。之后，我开始清理专业书籍，把自己认为内容不错的、对考研有帮助的书留下来，其余的全部锁进柜子。我把这项工作叫做缩小范围。现在许多考研学生都比较心急，希望能在品种繁多的书中找到一本具备奇效的考研图书。一些机构为了迎合这种心理，也推出了无数名称稀奇古怪，内容却经不起推敲的"宝典"和"真经"。在此，我奉劝大家，如果真想在考研准备上取得实实在在的效果，只需要找几本内容严谨、知识准确的书来看就可以。把一本好书看上十遍，一定比看十本观点各异的书效果要好上十倍。当时我抵制住了想要看其他书的诱惑，把自己圈定的专业书看了不下十遍，以至于考试前，我只用15分钟就能把两本厚厚的专业书浏览一遍。这在其他人是不可想象的，但是对于我，两本书一共将近700页，每一页都已深深刻录在脑海里。后来批我专业课卷子的老师在我入学后特意找到我，说："实在没有更高的分数打给你了，我只能给你——满分！"

明确了目标，缩小了范围，重要的第三步是执行。那时我负责两个班级的英语教学，工作压力大，业余时间少。为了保证复习时间，我的时间表详细到每天哪本书看到第几页。时间表详细了，就便于督促自己按时完成学习任务。每天我都会检查时间表，如果没有完成当天的任务，无论什么原因，无论多晚，我都会补上。

为了保证备考有一个好的开头，我把开始备考的时间设定在暑假，期末批卷工作一结束，我就开始全面备考。所有教师和学生回家度假，我则再一次一个人留在宿舍里学习。暑期的湖南，白天酷热无比，到了晚上不但温度不降，蚊虫又扑了上来。为了降温，我打了赤膊，肩膀上搭条毛巾，脚放在水桶里，同时手里拿了一把蒲扇，驱赶蚊蝇。整个假期，我除了置办必需的生活用品之外，几乎很少走出自己的房间。随着学习任务一个个完成，暑假很快过去了。开学后，学习和工作两方面的压力同时挤了过来，白天给学生上课，下班后在宿舍里学习。有一段时间我真的感到了精疲力竭。但我相信：只要坚持到底，最终必定成功！凭着这股子韧劲，我终于在考试前完成了全部备考计划。

当我再次走进考场时，已经对自己充满了信心，我相信，自己一定会成功。考试结束，我有一种强烈的预感：我这次成功了！

收到考研成绩通知，虽然我相信自己的实力，但拿着信还是心中有些忐忑，手也有点发抖。可是，忐忑归忐忑，信封总是要打开的，好在我之前的努力和自信没有骗我：这次，我成功了！我在几百名考生中脱颖而出，如愿地考取了上海师范大学英语语言学专业的研究生。那是一个考研改变命运的时代，考取了研究生，我的命运由此准备下了以后种种改变的可能。

陌生的北京

在北京没有人知道我是谁，
甚至没有人愿意知道我是谁。

放弃湘潭大学的教职来到北京，是我人生的一次重大转折。为了这个选择，我放弃了对正教授职称的申报，放弃了多年积累的各方资源，辞别了父母亲友，能带上的只有妻子和儿子，可以说开始的是一个重头再来的人生。

刚到北京，一切都是陌生的。在湘潭时，我还算是当地的一个人物，而在北京没有人知道我是谁，甚至没有人愿意知道我是谁。从受人瞩目到默默无闻，从春风得意到孤单寂寞，除了家人之外，没有人关心我内心的感受，没有人分担我事业上的苦乐。有时候我坐在公共汽车上，穿过北京繁华的街道，在这个中国人口密度最大的城市，感到的却是前所未有的孤独。

家里安装了一部电话，装完之后就冷冷清清地放在那里，不知道打给谁，也没有人打进来，因为那时在北京我的熟人和朋友太少。为了让同样承受着巨大压力的妻子开心，我跑到外面的电话亭拨通家里的电话，当听到妻子在电话那端异常激动地说"喂！"时，心中更多的感觉是酸楚。

由于离开湘潭大学时，我把所有的积蓄都付给学校作了解除关系的赔偿金，再加上搬家的费用，到北京之后，经济立刻陷入窘境，以至于家里平时难得买一次水果，好不容易骑自行车从大老远的地方买了些便宜的水果回来，我和妻子都舍不得吃，我们不约而同想到了留给孩子。

可以说，那段时间，精神与经济都跌入到了人生的低谷。

挣脱低谷效应的高招是积极振奋，挑战自我。这时，我作出了一个决定：戒烟。

从大学毕业，我就开始吸烟，离开湖南时已经是有着11年烟龄、每天一包烟量的烟民。此前从来没有想过要戒烟，但进京之后的困境使我意识到，自己面临着人生又一个关键时刻，面临着命运的再次严峻挑战，我需要有强大的自制力和崭新的精神面貌，同时健康已经成为我重新开始的重要资本。我要从戒烟开始。如果我戒不了烟，就战胜不了自己，也就肯定无法战胜其他的困难，最终只能成为一个被生活抛弃的失败者。

从我下定决心戒烟的那一天起，10余年来我没有吸过一支烟；而从那一刻起，我在与命运的较量中开始重新占据上风。

我是民工

全部的原因就是：
我看起来土，看起来穷，像个民工。

抵京的第一天，我就遭遇到今生都无法忘怀的一件事情。下了火车，我问车站的一个工作人员，到哪里可以找到自己的行李。开始他不理我，问了几次后，冷冷地看了我一眼，说："想要找行李，你就去扒集装箱的缝，找到了告诉我们一声。"

9月的北京，天气还很热，我和妻子一个集装箱一个集装箱地扒着缝向里看，生怕漏掉自己的行李。汗水从脸上流下来，流满了前胸后背。偶尔我回头，看见站在远处的儿子，当时他才4岁，听话地站在酷烈的阳光下，阳光直射在他黄黄的头发上，他显得那么弱小，那么无助。我的心顿时像被人用刀子剜了一下。假如仅仅是我一个人受苦，还可以忍受，然而现在妻子就在身边和我一起扒集装箱，仔细看有没有自家的行李，应该备受照顾的孩子则在那里活受罪。作为一个丈夫和父亲，我羞愧得无地自容。

后来我才知道，取行李根本不需要扒集装箱缝，那只不过是车站工作人员捉弄人的把戏，全部的原因就是：我看起来土，看起来穷，像个民工。

当时我的感觉真是欲哭无泪，不要说是知识分子的尊严，就连男人的自尊我都没有保留住，让家人跟着受累，生活的压力以极其残酷的方式出现在我的面前，把我逼到了角落里。当时我没有别的想法，心里想的就是，我不能服输，我一定要活出个样子给别人看看。

要找回自己的尊严，要为家人提供好的生活条件，要让他们不再受别人的歧视，要让他们每天都快乐地生活。我不能服输，我必须赚钱。到国际关系学院报到的第二天，我就开始为自己寻找一份兼职工作，我要凭着自己多年积累的英语教学经验和能力，光明正大地赚钱。

为了兼职，我买了一辆自行车。由于把所有的积蓄都赔偿给了湘潭大学，所以购买自行车的区区400余元对于我来说也是一件大事。我当时的想法就是，先把买自行车的钱赚回来。几堂课后，我一算课酬，自行车的投资已经收回来了，心里格外高兴，也非常有成就感。就这样，我开始同时做两份工作，国际关系学院的领导知道我在外面打工，也并没有因此责难我，因为我在两边都奉行一个原则：同样认真、卖力地干活。

记忆中最难忘的是有一年冬天，我妻子和岳母同时生病，妻子在309医院住院，岳母在西苑医院治疗，国际关系学院那边的本科生、研究生课程，兼职培训学校这边的四六级、考研、托福、雅思项目，一起压在我身上。一天，我送了小孩去北大附小上课，接着送岳母大人去医院作药检；安顿完岳母，再给躺在另一家医院病床上的妻子送饭。因为还要赶着去上课，把饭搁到妻子的病床前，我就匆匆忙忙离开了。看到此情此景，一位大夫对我妻子说："陈老师（我妻子姓陈），你还真会安排，请了个民工给你打饭。"

在出门的时候，我听到了这句话，不难想象，当时的我有多么狼狈。一般人会找理由，说我请假这些天不上课了，或者干脆今天我就不干了，或者真的就请一个民工送饭。而我当时只是心里"恶狠狠"来了句："我是民工我怕谁？"就继续把这些都扛起来。

我创业的过程，从无到有，也是异常艰难。同样一件事情，做不好，别人也许会找理由为自己开脱，而我宁愿硬扛着。慢慢地，我这个"民工"凭借自己的双手加上汗水，有时候还有泪水，为家庭，为所在的单位，为社会创造了不少的财富。如今，我又开始像一个"民工"一样，重新建造自己的梦想——新航道国际教育集团。很多时候，于无人处，我常常在心里背诵着下面这首英语小诗，给自己鼓劲：

I will be likened to the raindrop
which washes away the mountain;
the ant who devours a tiger;
the star which brightens the earth;
the slave who builds a pyramid.

I will build my castle one brick at a time
for I know that small attempts, repeated,
will complete any undertaking.

I will persist until I succeed.

就像冲洗高山的雨滴，

吞噬猛虎的蚂蚁，

照亮大地的星辰，

建起金字塔的奴隶，

我要一砖一瓦地建造自己的城堡，

因为我深知滴水穿石的道理，

只要持之以恒，什么都可以做到。

我坚持，我成功！

也曾无业

当然他不会把"游民"
这两个字写在户口本上，
但是他在上面写了两个字："无业。"

那一年，我40岁，辞职后赋闲在家，在相当长的一段时间里，什么都没有做，只想先给自己一个纯粹的休息和调整。

有一次，街道办事处的工作人员来换户口本。"请问您是胡敏吗？"我说："是，我是胡敏。""您的单位是什么？"我一想，我没有单位啊！就说没有单位。"那您的职业是什么？"我说："没有职业！"那位工作人员半风趣半认真地说："那你是无业游民。"当然他不会把"游民"这两个字写在户口本上，但是他在上面写了两个字："无业。"

无业，最真实地记录了我当时的生存状态。那段时间我一直在思考我必须回答的三个问题：1.自己热爱什么？2.自己擅长什么？3.我想做的事情有发展前景吗？思前想后，最后还是20多年的从教经验告诉我：我是一个离不开讲台的人；而最适合我的职业还是英语教育培训。于是，过了半年的"无业"日子后，我创办的新航道正式启航。

不是每一次的雨后都能够见到彩虹，不是每一次的辛勤付出就能看到成功。清晰记得，2004年10月16日那天,恰逢周六,新航道学校首期开了3个班，3个班迎来的学生总共加起来才7人，这是当头一棒。后来的创业过程也遇到了很多困难，酸甜苦辣、生离死别一一历尽。面对已付出许多而依然前路茫然的项目，我曾一度想过放弃，也曾怀疑自己曾经豪情万丈想证明的"40岁，创业未晚"是否虚妄？最艰难的时候，我把自己一个人关在家里、整整一周足不出户，最后想明白的也只有一点：无论如何，要坚持下去！到今天，新航道一年在全国范围内培训的人次已经数十万。很多同学问我："胡老师，40岁的您已功成名就，完全可以享福了，您却选择从头创业，不害怕失败吗？"事实上，这个问题我也无数次地想过，然而，我内心深处的声音总是在告诉我：人生绝不在于能拥有多少财富，而在于能体验到过程中有多少创造的快乐。我觉得人生最大的幸福就是做自己喜欢又有意义的事情！所以我义无反顾，坚持到底！如今新航道已经发展成在全国拥有18家分校，在北京有4家分公司，总共22家分支机构的国际教育集团。

孔夫子对40岁的定义是"不惑"，而中国民间的说法更耐人寻味——"人到四十日过午"。圣人和普通人都在告诫我们：40岁的人，这辈子就这样了，不要再追求什么不切实际的东西了。然而，在我看来，这句话太消极了。相比之下，我更喜欢一句英文名言：Life begins at forty（人生四十才开始）！因为这句话给人以海阔凭鱼跃、天高任鸟飞的鼓舞与想象，即使你已经是一条老鱼或者一只老鸟，你的海还在，你的天还在。

我非常敬佩柳传志先生，不仅在于他领导联想由11个人20万元资金的小公司成长为具有国际影响力的民族企业，更重要的是，他的传奇故事对许多有志青年而言，是一种激励。他40岁创业成功的经历，让每一个创业青年都怀着一种期待：只要足够努力，总有一天梦想会变成现实，年龄不是问题！同样，当蒙牛第一次闯入人们视线的时候，又有谁能够想到他的创始人已经年过40了呢？牛根生从伊利副总的位置上闲置后出走，先去了人才市场。对方问他多少岁，他坦言相告："已40岁，可以做做管理工作。""在我们企业，你属于安排下岗的人员。"对方回答。后来，他创办蒙牛，掀起了中国乳业的滔天巨浪。

类似的成功时刻都在生活中发生，只是我们不曾用心去发现，有时候我们只是看到他们成功后的光环，却忽视了他们筚路蓝缕的长跑旅程。52岁的英国男子艾伦·布莱汉姆，在英国剑桥市的市中心扫了30年大街后，成功荣获剑桥大学荣誉硕士。布莱汉姆20岁的时候，他打算在学术氛围浓厚的剑桥市受训成为一名教师，最终没能成功。于是，他找到一份清洁工的工作暂时定居下来，没想到这样一扫就是30年。这个工作让布莱汉姆有机会以独特的视角去体察每条大街，他还利用业余时间研究剑桥的历史，成为一名合格的剑桥导游。正是对本职工作和剑桥的热爱，剑桥大学决定授予52岁的布莱汉姆荣誉文学硕士学位。

"I have a dream（我有一个梦想）"，当马丁·路德·金向他的同胞们说出这个梦想的时候，他万万没有想到，这竟成了全世界人们的梦想。他无法预知这个梦想将在哪天实现，但他坚信梦想总会有实现的一天，而事实也证明如此。每一个人都有一个梦想，或许是少年得志，或许是大器晚成，我们无法预期梦想实现的那一天，因为成功没有时间表。但是不可否认的是，总有一天它会实现，因为追求梦想的过程本身就是心灵与成功的对话之旅！

021

那个骂我的女生

精彩的大学生活始于树立目标

上至国家,每5年就要树立一座丰碑,
那我们自己的大学生涯:
2年、3年、4年的目标又在何处呢?

每当走上大学讲坛,每当走到学生中间,我总是忍不住想跟同学们探讨一个问题——"为什么上大学?"我希望这是每一个大学生在大学4年里、在每一天清晨醒来时思考的第一个问题。

"为什么上大学?"通俗一点说就是你上大学的目标是什么?是4年后出国留学还是考研,或者是求职、创业?大家思考过这个问题吗?答案又是什么?相信很多同学都看过《爱丽丝漫游奇境记》,当大家陶醉于其故事情节时,不知是否还记得里面有一段富有深意的对话:

(Alice asks:) "Would you tell me, please, which way I ought to go from here?"

爱丽丝问:"能否请你告诉我,我应该走这里的哪条路?"

"That depends a good deal on where you want to get to," said the cat.

猫回答:"这要看你想去哪儿。"

"I don't much care where." said Alice.

爱丽丝说:"我去哪儿都无所谓。"

"Then it doesn't matter which way you go." said the

cat.

猫说:"那么,走哪条路都是一样的。"

这个场景你是否似曾相识?你是否在与同学千百次谈到这个话题时依然不知道自己目标在何处?请你不要问我:"我的目标是什么?"请你不要告诉我:"有没有目标都无关紧要。"如果你对自己的目标都漠不关心、不闻不问,那大学4年后现实只能对你说:走哪条路都一样,大学4年已成为"过去时",因为你已经落伍了。

有时候我们知道要主动去学,主动去做事情,但是却不知道自己的目标在哪里,结果4年后依然碌碌无为、毫无优势!两年前我在厦门大学做讲座的时候遇到过一位同学,他出身非常贫寒,要靠自己养活自己,完成大学学业。他绞尽脑汁给自己找了一件事情:在厦门大学摆地摊——卖旧书。过了一段时间,他细心琢磨:还可以做什么呢?最后他想到他还可以去各个大学宿舍采集同学们有关图书方面的一些信息;到了第三个阶段,他就开始和一些专业的出版社建立联系,获取了一个理想的折扣。几年下来,他不仅顺利地供自己上完了大学,而且还给家里提供了充足的经济支持。在大学即将毕业的时候,他觉得自己已经经过了一些磨砺,积攒了一些经验,于是他决定自主创业,创建自己的公司。就这样,这个同学一步一步,步步为赢!对于这个同学而言,也许他当时的目标就是单纯地想念完大学,所以他想尽一切办法去实现了这个目标,而事实上实现目标的同时就是人生的升华过程。

不要拿"有志不在年高"来安慰自己,如果年轻时你都对自己的志向一无所知，那你能确保等你"年高"时就一定能"有志"么？事实上，众多大器晚成的成功人士，都是在少年时就立下了志向，然后脚踏实地地靠近目标！北京大学有一名哲学系学生，他在大一时就明确了目标——在大三的那一年能够成为北京大学学生会主席。如果那一年能够成为北大的学生会主席，就能赶上全国学联换届时成为全国学联主席。如果能够成为全国学联主席，就意味着他今后在理想的发展上更能有所作为。于是这位同学从最基础的工作做起，他参加社团工作，在社团里担任一名普通干事。当时北京大学有两百多个社团，大家可以想象，要想成为校学生会主席，就需要寻求社团成员和学校的广泛支持！那么他要通过方方面面进行自我充实、有效的沟通，另外要保证在前二年的学习里每一门专业课都要全优。所有的这些他都做到了，最后在大三的时候他如愿以偿成为校学生会主席，并在全国学联换届时成了全国学联主席。

所有的这些都不是那些遥远故事的翻版，也不是我们给那些遥远的故事赋予了新的含义。如上的例子都是我们身边的同学活生生的事实，他们在进大学时就明确了目标，然后凭借自己坚定不移的奋斗，到达了自己心中的高地。。

我曾在备课时读到一篇小小的英语阅读理解文章，里面有一句：Almost every American changes his or her residence every five years.（几乎每个美国人，每隔5年就会换一次他们的住所。）听到这句话，时你可能会想，是不是现在在这个地方，5年之后就住到了另外一个地方。看到的可能是表面上的物理变化，但是实际上它可能意味着：现在你住的条件差一些，住的是50平方米，那么5年后你搬进了150平方米的房间；你从一个乡镇到了一个大的都市；从一个国家到了另外一个更为发达的国家。在这个变化的过程中，你是否能体会到他们所付出的辛勤与汗水？看到这句话，我不禁想起我们国家的5年规划（A five year plan），英语叫做：milestone（里程碑），5年一个里程碑。"十一五"规划、"十二五"规划，上至国家，每5年就要树立一座丰碑，那我们自己的大学生涯：2年、3年、4年的目标又在何处呢？

无论此刻你是身在世界名校，还是你所在的大学平凡无奇，无论你是打算毕业后继续深造还是求职、创业，你下一段的人生将从进入大学开始。而精彩的大学生活从树立目标开始，请为你的大学树立一个目标！

你的大学你做主
——写给大一新生的一封信

不断给自己树立新目标
就是不断提高自己的独立性，
有独立性一定会使大学生活有声有色、丰富多彩。

每年7、8月份，我都会受到很多家长的邀请，给即将迈入大学校门的孩子饯行。在兴奋而又轻松的气氛下，家长常常让我给孩子说几句话作为临别赠言。虽然明知我想说的话不过是老调重弹，家长甚至孩子自己或许早已说过无数遍，可我还是会情不自禁地对面前的准大学生说：树立目标，脚踏实地，持之以恒。

道理很简单，重要性也不必多说，可问题是它们对大学新生到底有什么特殊含义？下面我就来跟大家分享一下我的一些经验。

很多孩子以为，既然被某所学校某个专业录取了，自己的目标也就树立了。其实树立目标不是简单地给自己选个特定的专业，而是根据自己的特点和兴趣调整并确定一个奋斗方向。比如学习上有什么明确的规划？是按部就班学完规定的课程，还是要以优异的成绩毕业？是专心致志学好所选的专业，还是多了解其他学科，看看有没有自己更感兴趣的领域？是打算早毕业早工作，还是毕业后继续深造？是准备在国内读研，还是立志出国留学？比如能力上有什么具体的要求？要不要竞选班干部或学生会干部以培养自己的领导能力？是想在文艺方面有所发展，还是在体育方面崭露头角？是准备4年时间里埋头读书还是多参加社会实践？再比如性格上有什么追求的方向？是广交朋友博采众长，还是保持个性另辟蹊径？是成为各种活动的积极分子，还是在某个领域独领风骚？

　　刚入学的新生就像一张白纸，对这些问题的思考和回答就是孩子们在白纸上画的画。有的人很快就开始画了，有的人却迟迟没有动静；有的人画得很好看，有的人却画得不那么好看。但光阴如梭，4年时间转瞬即逝。不趁热打铁早作规划，就很容易变成温水里的青蛙，等大学上到一半甚至到毕业的时候再想这些问题，肯定会处处被动。我进大学时因为年龄偏小，对树立目标这件事刚开始也没有什么感觉，后来因为一件事才突然受到启发。我们班有一个很特殊的"同学"，他比我们高两届，年龄大很多（因为上大学前他是知青），虽然他学的是物理专业，可大部分时间都和我们班同学在一起。毕业前的一天，他突然向我们宣布，他要考北大研究生。我们都以为他是在开玩笑，因为在我们的印象里他并不是个爱学习的好学生。可是后来他真的把北大的研究生录取通知书摆在了我们面前，我们一下子都被他惊呆了。原来他跟我们在一起并不是因为贪玩，而是有着明确的目标——我们班的每一个人都是他的"英语陪练"。我们一个个全被他"利用"了，他这一招实在太厉害啦！

　　树立目标还有一个很重要的含义，那就是锻炼独立性。从出生到上大学，我们一直受到家长和老师的呵护，大家的学习任务也没有多大区别，我们只需要努力去学就够了。而现在我们要学习不同的专业，而且是脱离父母和老师的监管，没有明确的目标可能会变得懒散。一旦懒散惯了就会越来越没有精神，然后就会觉得大学生活很无聊，完全不像之前想象的那么有吸引力。而很快适应这种新环境的人，往往是那些有主见、独立性强的人。人一变得独立就会释放出巨大的能量，困难也不害怕了，挑战也愿意接受了，各种解决问题的方法也有了。不断给自己树立新目标，就是不断提高自己的独立性，有独立性一定会使大学生活有声有色、丰富多彩。

树立目标之后，不能脚踏实地同样也不行。根据我的观察，有想法有追求的人不少，但真正能吃苦耐劳脚踏实地的人却不多，尤其是在这个独生子女时代。其实，进入大学，我们会发现，原来的小公主、小王子不仅独立了、成熟了，而且懂事了、强大了。我的孩子上大学之前从没自己洗过衣服叠过被子，刚离开家的时候我真的很担心他生活不能自理。可是结果却像所有长大成人的孩子一样，他很快就学会了照顾自己，并没有出现那种叫天天不应、叫地地不灵的惨状。人的潜力原来如此巨大，只不过要等到合适的时机才能显现。学习方面其实也是这样，见到那名师教授，我们可能会习惯性地仰视，但如果从上大学就开始努力，毕业之后你也很有可能成为他们。社会正是因为人才辈出代代相传才会一直向前，否则随时都有可能断代或者崩溃。大学的一个重要职责就是为社会输送人才培养精英；大学的一项重要任务就是在学生身上挖掘潜力培养韧性，踏实肯干的学生无疑会脱颖而出、出类拔萃。

最后说说持之以恒。当你难能可贵地确定好奋斗目标、满腔热情地付诸行动时，你仍然有可能离成功还有一段距离。因为一些内在或外在的原因，你可能会遇到一些障碍或挫折，这时你还需要咬牙坚持、持之以恒。两次获得诺贝尔奖的居里夫人之所以令人钦佩，除了她的卓越才华，还有她的锲而不舍。不经历风雨不会见彩虹，相信每个人都有过这样的经历，正值青春年华热血沸腾的大学新生一定愿意在大学这个舞台上作最精彩的亮相。从树立目标做起，慢慢学会脚踏实地，最后努力做到持之以恒，三个环节环环相扣，相信你的大学生活一定会光芒四射。

客观地说，我们不能要求人人都取得成功，但追求了没成功和根本就没追求过成功是两个完全不同的概念。从某种意义上讲，每个人的大学生活都是自己设计和创造的，有设计才会有行动，有行动才会有成功。所以同学们一定要懂得：无论是树立目标，还是脚踏实地，还是持之以恒，目的都是为了发掘你的潜力，都是为了不虚度你的大学年华。因为你才是自己命运的主导者和创造者，所以请你相信并牢记：你的大学你做主！

做学习上的"自燃人"

一个"自燃型"的人绝对不会不知道
自己接下来应该做什么。

闲时总会不经意地问自己:人生最大的收获是什么?想得最多的是与青年学子倾心交流、探讨,解读隐藏于他们取得优秀成绩背后的那些成功密码。一批批学子、一段段真实的经历诠释了这些"密码",能将这些"密码"演绎、传递给另一批正在求知路上的青年,从中品味予人玫瑰的芳香,是我人生中最大的快乐。

曾细读日本经营大师稻盛和夫的《干法》一书。稻盛和夫在这本书里将人分为3种:第一种是点火就着的"可燃型"人;第二种是点火也烧不起来的"不燃型"人;第三种是自己就能熊熊燃烧的"自燃型"人。他的观点是,要想成就熊熊事业,就必须成为一个"自燃型"的人。

同样,我相信,要想在学业上学有所成,也必须成为学习上的"自燃人"。

一、做学习上的"自燃人",充满对真知灼见的渴求。

清晰地记得,有一次,一个同学在课间休息时拿着我编写的一本辅导书跑上来,说:"胡老师,这个单词(envelop,作名词表示"信封",作动词表示"包围、笼罩、包住"等意思)在这篇文章里面是作动词用的,发音应该是[inˈveləp]。"我在编写本书的时候，觉得它作名词时发音是['envələup]，因为是一个多音节词，那么作动词时它的发音跟常用作名词时的发音是一样的，不应该有变化。

那个同学拿着辞典给我翻到那一页，说："您看，您的是错误的。"面对这样的情况，有些老师可能会感到尴尬，然而我非常高兴，我高兴的是这个同学有如此认真的学习态度，有这种自动自发、追根究底的学习热情！一看时间，马上就要上课了，我说："好的，同学先请回到座位上，马上就要上课了。"上课时，面对台下500多个学生，我指出我出的这本书里面某一页、这个单词音标有遗漏，当着同学的面表示道歉，并且夸奖了那位指出错误的同学。课堂上顿时响起了热烈的掌声。这掌声不只是学生对我的道歉的原谅，更重要的是给予这位指出错误、对追求真知锲而不舍的同学最好的鼓励。

二、做学习上的"自燃人"，时刻保持积极的学习态度。

就如雅思，很多学生在给自己设定目标的时候，往往过于天真。"欲取其中，必求其上"。就以往经验而言，考生目标分数是6分，那么他在备考时设定的分数至少要6.5分甚至7分，如果说只是朝着6分的目标努力，那么很可能到最后考到的分数只有5.5分甚至更低。常言道，"有目标才有压力，有压力才有动力。"很多同学不是没有学习英语的能力，只是不愿意付出努力；报名参加培训班就以为万事大吉了，就是机械地跟着老师的节奏走，自己从来不主动去思考、去学习，不求甚解，浅尝辄止，考起试来大失所望。师傅领进门，学艺在自身，教育心理学家通过研究发现，学生求知到了某种临界点后，老师的知识水平和学生的学习结果不再紧密关联，重要的是学生要有持久的、强烈的自我驱动力，这种驱动力是学生在学习道路上克服困难的重要力量。

在一本阐述企业经营的书籍中，作者对大量的企业员工调研后得出一个"20/60/20 法则"：第一个20% 是无论公司状况好坏都能够拼命工作、思想积极的人；接下来的60% 是普通人；最后的20% 是无论公司经营状况好坏他们都是心怀抱怨、思想消极的人。我相信，在学习中这个法则也适用。为什么同样的老师、同样的课堂、同样的教学环境、同样的一个班级，最后的成绩会不一样，甚至大相径庭？这跟学生们对待学习的态度是直接相关的。20% 的学生不论老师讲课如何，是否强调学习和复习的重要性，他都会去主动、积极学习；60% 的学生跟着老师的步伐走，按部就班把老师的教学安排一项一项去完成；剩下20% 的学生则是对老师的课堂教学和作业不予认真对待，甚至不去完成，把学习当作一个形式，只为考试而考试。作为老师，有时候我们所做的工作就是在知识之外帮助学生从中间的60% 进步到第一个20% 中去，帮助他们成为"自燃型"人。

三、做学习上的"自燃人"，将学习延伸到老师以外。

经常在培训结课时被同学们问及这样一个问题："胡老师，我从暑假开始就一直参加新航道雅思培训。这段时间我已经形成了良好的英语学习习惯，但是我怕回家后又不能坚持下去了。还有不到两个月的时间，我需要如何备考？"如"20/60/20法则"所述，60%的学生，等待老师在课堂上的单向传授，想方设法地记住老师讲的内容，千方百计地完成老师布置的作业，结果培训一结束，脱离老师，很多学生就不知所措、无所适从，束手等待考试。一个"自燃型"的人绝对不会不知道自己接下来应该做什么。因为课堂上获得的知识和老师布置的作业毕竟有限，学好英语的必由之路是课堂之外的学习。而这正是独立于老师之外的学习活动，需要学生根据自身的目标激发自己主动去学习。一个学习上的"自燃"人能够主动激发这种意识并且通过教室以外的课堂受益。

学法往往很简单，要想让学习道路上的那盏指路灯永远闪亮，唯一的捷径就是我们内心燃起对学习的熊熊烈火！一个真正取得优异成绩的同学一定是一个学习上的"自燃人"；一个工作上、事业上有所成就的人一定是"自燃"去应对一切困难的人。也许在生活中、工作中我们正徘徊在60%之间，向前一步海阔天空，退后一步沦为平庸。我相信，绝大多数人都想做那20%能够事业有成的人，没有人甘愿平庸、落后；也许你正处于60%这一学习阶段，但是我相信，绝大多数同学都想成为那20%最后能够获取满意成绩的人。那么从此刻开始，做学习上的"自燃人"吧。

那个骂我的女生

我不知道这位同学骂了我多少次，
但事实是我被她的经历感染了。

常常因为讲学、讲座而奔走于各个地方，路途中错过了很多人生中美丽的风景而不自知。但是在忙碌的生活中，也习惯了停下凌乱繁忙的脚步，品着一杯清茶，望着窗外的城市，追忆旅途中经历过的一些琐碎片段。每每这时，总有一番淡雅的滋味涌上我的心头，让我的心灵得以慰藉。想来那也是我辛勤奔波之回报的一部分吧。

深深地记得2009年新航道中国雅思盛典长沙站。那一天细雨绵绵，伴着悄然而至的寒风，让人顿生懒意。但是那天整个演讲会场人头攒动、座无虚席，近两千双求知和渴望的眼睛让我倦意顿消、激情澎湃。这场雅思学术盛宴随着时间的流逝很快就结束了，当我走下讲台，那些带着问题想要跟我畅谈的同学围在了我的周围，久久不愿离去。从他们的眼神里，我看到了他们内心对知识的渴求。那天，我被他们深深地感动着。

等到人群慢慢散去，我看到一位女同学微笑着向我走来——原来她一直等我到最后。她满脸兴奋地告诉我，其实她不是雅思考生，而是湖南大学的一名在读研究生，她这次来雅思盛典跟这场讲座没有太大关系，而只是为了亲眼见到我，并亲口告诉我她备战考研英语的一段小故事,同时希望能够得到我的一个签名。

"真的非常高兴见到您,胡老师,我去年准备考研时买了您的《考研英语阅读理解精读200篇》。当时是学长推荐的,我以为复习起来会得心应手。我从第一篇开始做的,谁知道到第50篇的时候,那些题目越做越难,我根本就做不下去了。"

她边说边从后面的背包里掏着东西。

她掏出来的正是我主编的那本《考研英语阅读理解精读200篇》。她把书递给我,说:"胡老师,您翻翻看。"这本书已经破烂不堪,如今很少看到哪个人能把书读得这样破破烂烂的。于是,我仔细看了看,发现里面有很多撕痕,又都用胶布认认真真地粘着,越是有撕痕的那一页,标记就越多,有各种不同的笔迹,还有一些激励的话,如"痛苦滚蛋""坚持"等等。

她接着说:"做练习的时候,有时候心情不好、控制不住自己,就把书给撕了,但是每次一想到自己的读研梦想,我都会回头看看书的前言,去找寻一点信心。因为从中我可以感觉到,我是在一步一步往前走,我是在循序渐进,所以每次我又会整整齐齐地把书粘好,静下心来接着做。您没有发现吗,越是靠中间部分撕得越多,因为到后面基本上各个题目的考察点,各个知识要点我都能够准确把握了。其实只要挺过了中间那段煎熬,后面就好多了!"

看我听得入神,她有点不好意思地说:"说实话,从基础篇第50篇开始,我几乎每做一篇就骂您一次,因为这本书您编得实在太难了,我看着我的正确率慢慢地下降,几乎没有了信心。但是每次想起前言,还有书中精准的注释、重点突出的单词、对每道题目刨根究底的精析详解，也吸引了我，对我扩充词汇量和分析阅读题的帮助非常大，所以我还是硬着头皮坚持将这本书做到最后一篇文章、最后一道题目。这时我才发现，其实我的正确率已经升上去了。每次在做下一套题之前，我会把前一套题反复做几遍，直到啃透了里面所有的知识，我再开始下面的练习。可是我早就不记得我已经骂过您多少次了。"

她激动的表情让我感觉，这些话在她的内心似乎已经埋藏了很久，而那一刻，她打开了话匣子。

"今年考研，英语我考了82分！这时我才发现，自己是买准了一本书，骂错了一个人！今天我就是专门来跟您说声谢谢的。

"现在我已经在自己梦想的学校读研，虽然用不上这本书了，但我还是随身把它带着。所以今天请您一定在这本书上给我签个名，因为是您让我明白了很多学习中的道理。"

我不知道这本书被她翻过多少遍，做过多少遍，撕过多少遍。但在我眼前的这本书却是整整齐齐的页码，里面密密麻麻的标记。我相信这些撕了又粘、涂了又写的标记已经让那些知识在她的心里扎下了根！我郑重地在这本书上写下新航道的校训"我坚持，我成功！"并写上了我的名字。这位同学对我道了一声"谢谢"。我感觉这声"谢谢"是我多年来听过的最真实最有分量的一次。

我不知道这位同学骂了我多少次，但事实是我被她的经历感染了。我认认真真地听完了一个成功实现梦想的故事，内心无言地激动和感慨。看到已经成为研究生的她神采飞扬，充满自信，我满足了，我为有这样的年青人、能够有如此的韧劲而感到欣慰。我愿意承受这种被骂，因为从被骂中我相信她是真真正正地已经在吸取书中的营养和精华。我仿佛又看到当年自己为考研而在寒窗下埋着头、忍受煎熬的身影，我知道每一次的煎熬和难耐都是获取巨大知识的时候。这位女同学坚持了下来，她圆了自己的读研梦。

一个学生，一本书，一个故事。让我感觉到被骂似乎成了我的一种动力，因为的的确确她成功了；一本书，让我明白，责任是那种需要抵御潮流和大众的诱惑，不是毫无目的地让学生享受知识的快餐，而是真正站在学生的角度去供给他们需要的营养。出书立说、为教为师不就是将这些精华和营养传递下去吗！小时候每次读到"春蚕到死丝方尽，蜡炬成灰泪始干"，都会为老师无私奉献的精神投去赞许的目光，而如今，身为人师，我想或许这更是一种使命。

那天的情景历历在目，让我在不经意间咀嚼。我甚至不知道她的名字，但我清晰地记得她的模样，清晰地记得那本书！作为一名老师，能够帮助成千上万的学子实现自己的梦想，别说是天天被骂，就算是受苦受累也是值得的。

大学毕业前必做的18件事

这是你一生中最美好的青春,
这将成为你终身享用的一笔精神财富。

一、给自己的大学做一个合理的规划。进入大一就应该把大学期间要达到的目标列出一个详细表,付诸行动,按照时间表一个个去实现它,而不是在不知不觉中让时间悄悄溜走。

二、充分利用校园图书馆。对于大多数人而言,这将是你人生中最后一次有机会翱翔在免费或者说相对低价的知识海洋里。有针对性地涉猎一些书本的知识,对拓展个人视野是非常有帮助的。

三、精心收藏大学生活里的风景。在这个大学校园,在这个你生活了4年的城市,一定有很多值得珍藏的回忆。这是你一生中最美好的青春,把一些有纪念意义的风景和片段都拍摄下来,这将成为你终身享用的一笔精神财富。因为走入社会后你会发现,自己依然还会时常想起大学生活,想起那些难忘的时光,那些定格在照片上的回忆,将是你精神世界里永恒的寄托。

四、积极参加校园和社会实践活动。参加各种社团和社会实践,既能够让自己学习到课堂以外的知识,丰富整个大学生活,还可以结识一些志同道合的朋友。

五、选择自己感兴趣的课程。有位名人曾说:不逃课的大学生活是不完美的。必要的时候你是否也可以尝试一下逃课带给你的小刺激。不要以为规规矩矩每一节课都呆在教室里认真听讲就能做个好学生，一些非专业课程或自己不感兴趣的课程必要时候可以选择放弃，用节余下来的时间做更重要的事情。

六、组织同学做一次短途旅行。集体出游不仅可以节省成本，而且跟同学、朋友一起游玩，能够尽情享受青春的欢乐，集体的温暖，学会在旅途中照顾同伴、关爱他人，在愉快的游玩中体验生活的乐趣。

七、寻找一次打工的机会，体验打工辛劳与收获。找一份能够锻炼自己的兼职，但不要仅仅为了钱而随便去做那些没有太多意义的工作。挣点外快绝不是打工的主要目的，最主要的是通过工作提前了解社会，还可以激励自己的学习，为求职时的简历增加亮点。

八、寻找自己的兴趣所在。如果有自己喜欢做的事情或擅长的领域就大胆去做，不一定要按照父母所期待的那样生活，未来要自己把握。

九、勇于探索新事物。只要有机会就要勇于去尝试，因为你不可能在大学里就完全了解自己，就完全知道自己以后适合做什么，而要通过不断尝试抓住那些可能的机会，不断地学习、成长。

十、尝试一下创业的艰辛与快乐。开网店，哪怕是摆地摊也可以，不仅成本低，还可以锻炼自己经营和控制等诸多方面的能力。

十一、参加励志和健康类课程辅导。适当地参加一些类似于心理学、成功励志等课程的辅导或讲座，做一个心理健康的人，这在你今后面对严峻的竞争压力时显得非常重要。

十二、学会客观地认识与评价自我。不要盲目地与别人攀比，要善于在学习和生活中找准位置，切忌片面地以一些外在的东西来定义成功，切忌妄自菲薄、盲目崇拜。

十三、实用技能的提升与充电。牢牢掌握一门自己喜欢的专业或技能，具备一定的通用基础知识，如英语、计算机等。专业是帮助你未来职业发展的根本，而英语和计算机则是这个时代必备的两种能力。

十四、用真心、真情、真意轰轰烈烈地爱一次。通过与异性朋友的交往可以学习到很多东西，对了解自己的性格方面有很大的帮助。同时能够与一个志同道合的恋人结伴前行，共同度过大学生活、甚至未来的人生，将是一件非常难得的事情。

十五、积极参加校园捐助活动。毕业在即，不要把书籍或者衣物当废品随便处理，花几块钱把它们捐到贫困山区，也算是做到了物资的充分利用。

十六、精心准备班级毕业晚会。非特殊原因，一定要参加并精心准备班级统一组织的毕业聚会。跟相聚了4年的老师和同学有一个美好的道别，为大学生涯画上圆满的句号，否则它将有可能成为你一生的遗憾。

十七、告别自卑心理，开创自信人生。别以为那些重点大学、名牌大学有多么了不起，只有等真正就业的那天才知道，谁能最终赢得社会的青睐。

十八、走出象牙塔，迎接新挑战。机会总是留给那些有准备的人，到了大三、大四一定要主动出击，走出校门，利用各种社会活动建立自己的人脉，去找工作，而不是等着工作来敲门，天上不会掉馅饼。

把时间花在阅读经典上

既是对作品所描述的已知、
未知世界的发现与开掘,
也是对自我潜在精神力量的发现与开掘。

阅读,是帮助人思维发展和成长历练的过程。阅读经典,尤其有利于开创宽阔的思维空间和形成深厚的文化积淀。

经典之所以成为经典,是由于它凝聚了一代又一代人的思想精华,人类最美好的创造都汇集于此。各个学科 (包括文学、艺术、社会科学等等)的名作经典都是那个领域里最具权威、最有影响力的学者和精英们留下的杰作。对于经典的阅读,就是一种发现与开掘,既是对作品所描述的已知、未知世界的发现与开掘,也是对自我潜在精神力量的发现与开掘。温家宝总理自言读了马可·奥勒留的《沉思录》100余遍,我相信,一定是这位哲学家的自我对话,启发了总理每日的思考与自省。

现代人流行消费"文化快餐",不爱读名著经典,而沉迷于一些武侠、言情、卡通漫画、科幻、恐怖、休闲方面的小说与短文。在我们的课堂上学英语的同学也有类似现象:喜欢去买所谓"攻略"、"宝典"、"速成"类的书,却不愿琢磨经典的英文教材。学雅思的不愿意花时间在《剑桥雅思真题集》系列,却去背一些所谓的机经。学考研英语的人不愿意看历年真题,却去找一堆模拟题来做。可是做完这些,你又有多少受益,又能学到多少真知识呢？

著名小说家威拉·卡瑟曾说："人类的故事只有两至三个情节，所有的故事不论情节如何丰富多彩、跌宕起伏，都是源自于这两至三个故事的演绎和加工。"同样，我们想了解《论语》，最好的方法不是读别人的读书心得、笔记或者评说，而是阅读《论语》原著。"一千个读者眼中就有一千个哈姆雷特"，要探求真意就要去阅读莎翁的原作，而不是通过"一千个读者"去了解哈姆雷特。

前段时间读到一本《卓越领导的思维方式》，作者是美国南加州大学校长史蒂文·B·桑普尔。在书中，他提到他每天花30分钟阅读，其中10分钟用来读报纸、商业出版物和新闻刊物，20分钟用来读书。如果有一天必须要减少阅读时间的话，他会砍掉阅读报纸的那些时间。就这样一天20分钟、一年就是120小时，他每年能很轻松地阅读一打或者更多长篇而且富有吸引力的书籍，同时他有充足的时间体会书中的内容，并在其中的重要部分做脚注。他每年可能选择读两到三本巨著（尽管有些他以前已经读过），再读些已流传50年之久的书籍及一些新出版的书籍。在过去的30年中，他已经阅读了近400本书，范围涉及到历史、哲学、散文、宗教、自传、小说和诗歌等。在他看来，那些经典巨著曾经并且将继续对人、对人类文化产生巨大的影响。

哲学家培根说："读史使人明智，读诗使人灵秀，数学使人周密，科学使人深刻，伦理之学使人庄重，逻辑修辞之学使人善辩。"有些同学却觉得名著太深奥，太费时间，不愿意把时间花在阅读这些名著上。尤其是中学生，学习时间紧张，就会去读一些好读的"快餐"短文。但"快餐"短文就像麦当劳和肯德基的快餐食品，拿来填饱肚子可以，但是吃多了、久了，终究没什么营养。我在与同学们的聊天中发现，很多人还热衷于看改编自名著的"再生作品"，比如现在电视上播放的改编版的《三国》《西游记》……温斯顿·邱吉尔曾说："当一本新书问世时，我们应该读的是旧书。"我认为，既然时间这么少，青少年更应该看那些值得看的经典，而不是将有限的时间，花在看一些没有多大意义的"再生作品"上。对于经典原著，应该形成自己的理解，而不是把对世界的认识建立在"别人的理解"上。

今天，青少年朋友处在一个时代飞速前进的浪尖上，他们接受新事物能力都很强，但是对于经典阅读的习惯培养，还比较欠缺。国家最近作过的一次阅读调查的结果显示：连续五六年来，国民的阅读程度呈现不断下降趋势，下降的幅度也是越来越大，据说很多人一年就读一本书。可我认为，对于经典的阅读却正是当今社会应大力向青少年推崇的。在欧洲、北美的一些国家，现代化的程度比我们要高得多，但在那里，你依然能感受到良好的阅读风气：火车上、飞机上、轮船上，到处都有人安静地阅读。读书风气其实就是一个社会的文化风气，甚至也会影响到社会的进步。

031

每个人都可以成为"特模"

把自己定位在"锅底"

把自己定位在"锅底",
这样不论你朝哪个方向努力,
都是向上的。

扪心自问,你的"内功"练到家了么?

每一次准备巡讲,我的内心总会异常激动。我在想,我又可以跟大学生朋友们一起探讨人生、探讨未来了。从学生的眼里,我能看到他们充满渴望而又迷茫的眼神,他们渴望知识,他们渴望有个人能够为他们指点迷津。他们需要向导,就像小孩子刚学习走路那样,他们需要父母在前面伸出双手,指引着他们大步地向前迈。

真正的职业规划应该从大学开始。很多学生一到大学就松懈了、放宽了心,尽情地玩,尽情地挥霍青春,最后到了大四真的印证了现在流行的那句话"今日歇脚,明日歇菜"。经常有同学在博客里跟我探讨:胡老师,我马上就要毕业了,但是我发现自己在大学里什么都没有学到,连以前的一点英语知识都丢了,现在求职用人单位都是既要看你在学校的实践能力又要考考你的英语,我该怎么办?说实话,我真为这些同学惋惜、遗憾。他们把本应在大学里面完成的事情留到了毕业后,等到离校后处处碰壁,才叹息自己荒废了大学生涯。大学生活的多姿多彩,不是意味着我们可以放任自己,尽情享受,虚度光阴;而是要在学习与生活中找到平衡，去铺垫好未来。当你进入大三、大四面对一次又一次的招聘会却无所适从的时候，当你收到第一封来自应聘企业的婉拒信时，你才惊讶地发现，自己的前途是那么渺茫，一切努力似乎都于事无补……而看着其他同学一个一个走上自己喜欢的岗位，从事理想的职业，这时你才知道什么是后悔莫及。

大学就是半个社会，当我们一只脚踏入大学校门的时候，其实另一只脚已经迈进了社会。可以说，大学就是为我们步入社会作最后的准备了。在大学，我们有足够的时间、足够的空间和足够多的机会去认识自己，去发现自己的优势和弱势，去把握自己的兴趣爱好，然后我们在大学里就应该开始为这些兴趣、目标去准备了。比如，你喜欢营销，那么你在学校首先要通过课堂学习把一些专业的基础知识学好、学精，业余参加一些类似营销协会、口才协会等相关的社团，在每学期开学、五一、十一等一些节假日争取得到一些促销锻炼的机会，暑期争取能够去公司实习。所有这些都需要你在大学时就完成，所有这些都是在为你未来的职业生涯作充分的储备。有的人喜欢文学、写作，那么除了多阅读一些文学名著外，你应该参加一些文学社团，或者当个校园记者，尽量能在报纸、刊物上发表作品，这些都是锻炼自己的地方。

很多人为了逃避现实的就业压力，选择读研。3年辛辛苦苦拿到了一张文凭之外，没有任何研究成果，更不用说有什么自己研发的专利。毕竟真正能够呆在实验室里搞科研的人是少之又少，绝大多数同学还是要面临求职的选择。还有一些家庭条件好一点的学生选择出国留学，继续深造，希望能有个在海外的留学经历，给自己将来找工作时添加筹码。结果呢？拿着一纸文凭回来了，简历上就是一个干巴巴的海外留学经历，其他的是一片空白，在用人单位面前无力回天，没有任何社会实践经历，没有任何闪光的地方。这时候才知道自己过去的3年是虚度过来的，连起码的英语都没有见长。无论是读研，还是留学，他们缺乏的是目标，一个对未来的职业规划。因此在求学的过程中，他们不知道应该做什么，不知道需要学习一些什么，加强一些什么，锻炼哪方面的能力。他们不知道留学要通过提高自身各方面的能力，才能真正提高自身的竞争优势。

因此，无论你是选择毕业后直接步入社会，还是考研，还是出国留学，最关键的是你在学习的过程中要学到本领，把内功练好，无论走到哪里，一辈子都受用。

敞开心扉，你的心态摆正了么？

最近看到一则消息：一位本科生放弃4份offer去美国，回来遭遇求职难。该毕业生回忆说："当时觉得找工作并不是一件很困难的事，刚好美国又来了全奖通知，所以义无反顾去了美国。没想到硕士毕业后，工作反而比本科毕业时更难找了。"尽管国家和各地方都在采取各种各样的政策措施帮助大学生就业，然而就业形势越来越严峻，已经是毋庸置疑的了。

就业竞争激烈，这是一个不争的事实，并且这一现象将会延续很长一段时间。因此我们不能说等着金融危机过了，等着形势好点了再找工作也不迟，于是在家老老实实地呆着，等待好的时机。这是不理智的。据统计显示：2009年大学生毕业人数达610万，今年底到明年的大学生就业面临着比以前更加趋紧的形势。

什么是就业？通俗一点说就是找到一份工作，找到一份活干，能够养活自己。只有先生存下来，你才能谈发展，才能谈未来的事业。不要对那些低微的工作不屑一顾，不要再抱着那种"我就是干大事的人，将来要开创自己的事业，我才不干这些有损我颜面的活呢"的态度，这种心态只能把你自己困住。古语说："一屋不扫，何以扫天下""仓廪实而知礼节，衣食足而知荣辱"。你连小事都做不好，你连自己的生活都无法承担起来，谈何尊严？谈何荣辱？心理学大师马斯洛的需求层次理论强调的最基本的生理需求，归根结底不就是基本的生存么？只要我们走上了社会，很多事情就不是我们想做就做、不想做就不做的，大多数时候，我们是必须去做，并且还必须把它做好。

很多学生走入社会后，还是像以前在学校那样傲气、娇气，尤其是一些独生子女，结果呢？到了一个城市，钱花光了，工作没有找到，没饭吃了就找家里的人要钱。暂且不说家里有钱能给我们，但给得了一次、两次，能给一辈子么？作为一个大学生，我们有没有去算过我们一路走来已经花费了父母多少钱？我们有没有内疚过：自己毕业后还在问家里要钱！我们读书是为了什么？难道是为了纯粹的知识享受？直接点说，不就是多学点知识，能够找个好工作，能够有个好的生活、好的未来么？如果毕业了，失业了，那学习的意义又在何处呢？更可悲的是，有些名牌大学毕业出来的学生，由于从小生长在一个受人呵护的环境下，心理承受能力差，无法、无力面对残酷的现实，最后选择"以身相许"，这样的悲剧屡见不鲜。

我们年轻的那个年代，是没有办法，得帮助父母养家糊口。

做哥哥的要承担起家庭的义务，帮助弟弟妹妹完成学业，为家里分担负担。我大学毕业就留校当老师，当时并没有想那么多，只知道我要自己开始挣钱了，我不能再花父母的钱了。后来，我想有个更好的发展，我想有更宽阔的平台，所以我选择了离开湘潭，北上首都，在这个中国最繁华的大都市寻求人生的发展。通过自己的努力和拼搏，我从一名老师到被外界称为教育专家，到同学们眼中的"胡雅思"，从一个一线的教育工作者到一名管理人员，再到现在的新航道国际教育集团总裁，就是这样一步一个脚印走出来的。我一直没有离开过教育领域，我深知通往成功的路上没有任何的捷径可走，只有从基层，只有从最普通的一个岗位开始做起。

我想通过自己的经历告诉大家：先生存后发展，最后才谈事业。这是非常浅显的道理，可是现在"高不成低不就"的现象越来越多，企业招不到人才，学生找不到工作，矛盾越来越严重。为什么我们很多同学就是不愿去做呢？大学学的企业管理，以为出来就可以当管理人员，拿到MBA以为就可以当一名高管，我们想想，有多少人学的是同一个专业，有多少人拿到了MBA，有哪个企业管理人员比作业人员还多的？就算是一个生产型企业的管理人员，也需要从基层做起。你不了解整个生产流程，不了解产品的生产环节，你怎么去监督别人，你怎么把控生产进度，你又怎么知道出了问题责任应该落实在谁身上？

所以，不要再抱怨，静下心来，学会以一颗"归零心态"来定位自己，找到我们的起点，把自己定位在"锅底"，这样不论你朝哪个方向努力，都是向上的。

80后蚁族靠什么改变命运

你是选择在愤懑与不平中消沉，
还是选择在愤懑与不平中爆发出前进的潜能？

一、入对行。

俗话说："男怕入错行，女怕嫁错郎。"只有自己喜欢并且擅长的才是适合自己的职业，通过努力，就可能在行业里有所建树。尽管大多数同学刚从大学毕业根本就不知道自己真正喜欢或者适合的职业，但是我相信，在个人兴趣与特长之间总可以找到一个平衡点。因为大学4年一个重要的任务，就是发现个人兴趣、发掘你的特长。年轻时千万不要轻易拿"三百六十行，行行出状元"来搪塞自己。在我看来这句话是旁观者对成功人士成功后给出的评价，很多人也许就是因为片面听信这句话，导致在职场上蜻蜓点水、白驹过隙，跳了好几次槽，跨了好几个行，结果一次比一次糟，越跳越不知道自己到底喜欢做什么、适合做什么。更有甚者，换一个岗位就讨厌一个岗位，跳一个行业就讨厌一个行业。

实际上，我们周围大多数成功的企业家，都是早早就已经在自己的领域里积累、耕耘了。比尔·盖茨在大二决定从哈佛大学出来创业时，此前他已无间断地编写了7年程序。创业之前，柳传志在科学院计算所做了13年磁记录电路的研究；创立百度之前，李彦宏已经跻身全球最顶尖的搜索引擎工程师行列，最先创建了ESP技术，并将它成功地应用于INFOSEEK／的搜索引擎中的图像搜索引擎，他早年在北京大学学习的信息管理专业和美国布法罗纽约州立大学的计算机科学，都为他日后的事业奠定了坚实的基础。

二、拼命干。

清代大画家郑板桥说："淌自己的汗，吃自己的饭，自己的事情自己干。靠天、靠地、靠祖宗，不算是好汉。"也许你会愤愤不平，说这是不现实的、过时了；也许你会发现在你大学认识的同学里有的人从未好好学习过，可是毕业后就是拥有一个比你更好的职业；也许你会说：现在找工作就是"拼爹"啊，能力强还不如有一个"成功"的老爸。不论你怎么想，怎么埋怨，事实已经这样：你不是什么富二代、官二代。难道你就要一直这样计较、消极下去，继续"愤青"？失败者只会给自己的失败找借口，而不会想到为成功、为下一步找出路。你是选择在愤懑与不平中消沉，还是选择在愤懑与不平中爆发出前进的潜能？

事实上，这就是我们的资本，我们的优势，我们肯吃苦、肯拼命干，就比别人有了更多的机会去尝试，有了更多的机遇获得成功。终有一天老鹰要松手放开怀中的小鹰，因为"展翅翱翔是鹰的本色"，不论是富二代、官二代，还是芸芸众生，只有靠自己的双手才能拼出属于自己的未来。如果按照巴莱多定律（二八定律），我们是那80%中的一员，那么我们能否通过自己的努力从这80%中脱颖而出，成为最后20%最有成就的人呢？

三、勤学习。

如果说当今世界上有一种能力是不可或缺的，那就是学习能力。我们过去常说知识不会过时，如今看来这句话似乎缺乏与时俱进的时代感。知识是会过时的，但是学习是永远不会过时的。无论是英语还是计算机，无论是与人沟通还是自身专业技能的钻研，这些都需要学习，都需要通过学习来获得。未来在你的个人发展中，学历可能过时，以前的知识可能过时，或者说不够用，只有通过不断学习才能获取最新知识、最前沿信息，学习能力是帮助我们未来发展最重要的能力。

我经常跟我的同事们说："以前我认为我应该是世界上最后一个使用计算机的人，但是我现在每天至少要花一个小时在网络上，了解最新的信息，获取最新的网络知识和资源。"如今已经不是一个"两耳不闻窗外事，一心只读圣贤书"的年代了。我们没办法选择家庭出身，但是可以通过自己的努力、通过不断地学习，去将工作、将身边的事情做得更好，凭借职业平台，努力工作，命运就会一步步改变。

四、高素养。

前面三条可以帮助我们成为对社会有用的人，而这一条则可以帮助我们成为一个有成就的人。前面三者指导我们把事情做正确，高素养能够引导我们做正确的事。有能力的人并不意味着他以后一定会有很大的成就，美国好莱坞电影中常出现的那些反面角色，他们基本上都是某方面的天才，但是他们的行为却不被社会认可。素养是我们在生活、工作中慢慢养成的，甚至从我们接受教育开始。高素养，帮助我们形成正确的价值观、人生观，帮助我们去思考如何做正确的事情，如何做对社会有意义的事情。

任何一个企业，无论在哪个行业，他做大、做强了以后，最终都将归属于社会。一个人也是一样,他首先是一个能为社会出力的人,这种贡献看得到、摸得着、可以衡量,到了一定的高度他给社会留下的就是精神内涵了,从产业报国,到理念报国、思想报国。精神与思想的影响远远超越物质贡献,只有这样的人生,才算是成功的人生。

人生是一条无法预知的曲线

每一个人都有属于自己独一无二的人生曲线，
是我们决定着自己的人生是波澜壮阔还是水波不兴。

春节过后，新一届即将步入职场的大学生再次将目光聚焦在"公务员"身上。人们羡慕公务员的稳定、优福利，然而公务员未必适合每一个人。相反，在我们周围，不乏选择在一个普通工作岗位上默默付出，最终亦能走向职业巅峰的人，也不乏喜欢自我挑战、敢于拼搏，最后实现成功的人。正如电影《阿甘正传》中那句脍炙人口的名言："Life was like a box of chocolates, you never know what you're gonna get."（生活就像一个巧克力盒子，你不知道从中能得到什么。）阿甘用他那双永不停歇的脚走出了属于自己的人生曲线：从加入球队成为巨星，到参加越战解救战友，从迷上乒乓球成为中美使者，再到以捕捞为业成为富翁，最后跑遍美国……他无法预知人生将会怎样，但不可否认的是，他描绘了自己多彩的人生，他用自身的经历赋予了成功以新的定义！

曾经有很多朋友问我："胡敏，你到现在还经常在全国各地跑来跑去，不累么？"他们一是出于对我的关心，二来认为我根本不用再为了生计而奔波，其次可能依然对我当初放弃全日制大学里稳定的教职工作、放弃北京三室一厅的住房和不菲的待遇感到不解。尽管同样是三尺讲台,然而我渴望通过不同环境的尝试,让讲台的效用发挥到最大。每次我都跟他们说:"累是累点,但是我很充实,倘若我整天呆在家里或者办公室无所事事的话,我会更累,我是一个闲不住的人。"穿行在同学们中间,我享受着"予人玫瑰"的芳香,这远比一个安稳、舒适的工作让我感到快乐。

记得2010年11月份,有一个星期,我一连往返于5个城市:西安—哈尔滨—长沙—北京—杭州,上一个城市的事情忙完,就急匆匆地赶往下一个城市。那天下午结束北京的学术报告会后,我赶赴机场前往杭州,不料到机场后,由于天气原因,航班取消,我不得不改乘火车。连续几天的奔波,让我体力困乏,上火车后躺下片刻就睡着了。醒来后,我习惯性地朝窗外看,由于列车晃动比较厉害,我抓住栏杆,说:"今天这飞机怎么回事?颠簸得这么厉害。"周围的人看着我满眼疑惑,几秒钟后我才恍然大悟:原来我是在火车上,闹了一个笑话。

无论是90年代的"下海经商",还是如今盛行的"自主创业",抑或是最后的功成身退,每一个人都有属于自己独一无二的人生曲线,是我们决定着自己的人生是波澜壮阔还是水波不兴。当我第一次从朋友口中得知美国第一大社交网站Facebook和其创始人扎克伯格年仅25岁却已净资产达40亿美元时,我压根儿想不到这位年轻亿万富翁的创业始于大学寝室。更让人想不到的是此前他曾拒绝年薪95万美元的工作机会而选择去哈佛大学上学,而在哈佛大学主修心理学和计算机专业期间他又突发奇想,要建立大学学生交流的网站,于是辍学创业……或许正是扎克伯格独一无二的人生经历，造就了如今的Facebook传奇。在中国，很多人知悉王石并不是因为他创办了"万科"，做大了一个企业，而是更多的是被他的登山事迹与他的人生态度所感染。他辞去亲手缔造的企业帝国的总经理，背上行囊，去征服一座座可丈量高度的山峰，对他而言重要的是他在不断尝试，享受过程。正如他坦言："其实，每次一进山我就后悔了，上到海拔四五千米，风刮着，头疼，恶心，我就骂自己，问自己怎么犯贱又来了？可爬着爬着，还没登顶，我又开始想下一次该登哪座山了。"无论是一座山还是两座山，无论是多高的海拔，攀登者享受的是征服自我、实现自我的过程。

人生既可如长江一泄千里、直奔东海，也可如黄河历经九曲，蜿蜒而去。无论是"一泄千里"还是"历经九曲"，都走的是属于自己的轨迹。人生因为不断挑战与拼搏，所以才有了此起彼伏的别样年华。职业本没有绝对的孰优孰劣，只有适合自己的才是最好的。身在其中，重要的是我们能否像阿甘那样以足够的勇气和精力去面对人生的每一个阶段、每一种形态，并赋予它精彩的内涵。

成长就是逼着自己向前迈

在困难的"逼迫"下，
有的人选择迎难而上，结果突出重围；
而有的人畏缩不前，
只能仰视成功，永远碰触不到自己的梦想。

有一次与一位同事交流，我说："今年应该看了不少书吧？每次我都看到你的桌子上摆着各种不同类别的书。"

这位同事抿着嘴，笑着说："呵呵，工作需要没办法，逼着自己去看，如果不抓紧学习，脑袋里的知识就可能跟不上工作需要，工作无法完成。正如羚羊妈妈教育小羚羊那样：'孩子，你必须跑得再快一点，再快一点，如果你不能比跑得最快的狮子还要快，那你就肯定会被它们吃掉。'"

我相信这一定是发自他肺腑的回答，未经雕琢和修饰。这比我此前经常听到的诸如"多学习是有好处的"之类话更触动我。仔细琢磨：难道不是么？其实大多数时候，我们就是在逼着自己成长。

通常，并不是我们不具备某种能力，而是我们从来就没有想过要竭尽全力去尝试。科学家研究发现，每一个人都具有巨大的潜能。若一个人能够发挥一半的大脑功能，就可以轻易学会40种语言、拿12个博士学位。著名心理学家奥托指出，一个人所发挥出来的能力，只占他全部能力的4%。也就是说，人类还有96%的能力尚未发挥出来。而未发挥出来的那部分潜能或许需要在某种特定的环境逼迫下才能被激发出来。

我们常说要主动学习，其实学习的背后都有一个动机或者说是内驱力，确切地说就是某种东西在逼着我们去行动。就像雅思考生，因为要出国，所以需要取得理想的雅思、托福、SAT等考试成绩，不得不经历一段痛苦的备考过程，逼着自己去学习……事实上"被逼"的过程就是一个不断认识、接受、内化的过程，就是从下意识到习惯再到自然的循环。那些在考试中取得高分的学生，一定是实现了从"被迫上阵"到最后"全情投入"的角色转化，从而享受学习的过程，英语学习已经内化成他们的一种兴趣和习惯。

很多成功的企业家都是被"逼"出来的。任正非下海创业前曾是国企一名高管，因为一笔生意被骗，货款无法收回，而此时的他下有一儿一女要抚养，上有退休的老父老母要照顾，还要兼顾6个弟弟妹妹的生活，正值"上有老下有小"、青春不再、未来尚长的中年之际。他没有时间去感伤，家庭的责任、事业的急迫逼着处于中年危机之中的他去创业，这样才诞生了华为。创业之初，40多岁的他亲自背着产品带着同事去跑业务、作推销，对于创业初期的他而言，他就是为了面包、为了糊口、为了家人而选择奋斗。

我相信没有人愿意承认自己是一根不可雕的"朽木"，也没有人愿意做一个扶不起的"阿斗"。在困难的"逼迫"下，有的人选择迎难而上，结果突出重围；而有的人畏缩不前，只能仰视成功，永远碰触不到自己的梦想。

拿美国影片《当幸福来敲门》来说，故事情节并没有跌宕起伏的大起大落，那它是靠什么引起观众发自肺腑的共鸣呢？我想无非是与影片主角克里斯·加德纳（Chris Gardner）在面对现实的种种压迫下依然保持乐观、热情的工作和生活态度密不可分：妻子琳达因不能忍受养家糊口的压力，只留下他和5岁的儿子克里斯托夫相依为命；因没钱付房租，他和儿子被撵出公寓，无处可去，只能拥着儿子睡在地铁厕所里；为了一个救济床位，他与流浪汉失态地争吵；借着从楼道里折射过来的灯光他修理"维持生活"的仪器……但生活的穷困潦倒并没有打垮克里斯的意志和信仰，他凭借自己的聪明才智和勤奋努力，获得了一个股票投资公司的工作试用机会，最终克服各种难以想象的困难，成功进入那家声名显赫的股票投资公司。整个影片中，观众们能够看到的最直接、最朴素的感情就是：养家糊口，抚养孩子。这种要求很简单，也正是这种最基本、简单的生活压力的逼迫，让克里斯面对困难时表现出了顽强的意志和走出穷困的不息动力。

总有一种力量在不同的时刻、不同的环境下逼迫着我们前行，面对各种压力和环境的逼迫，我们脱口而出的不应该是"被逼无奈"，而应该鼓起勇气，勇敢面对，因为所谓的成长其实就是不断地逼着自己向前迈。

没有迈不过的坎

如果我自暴自弃、怨天尤人，
也许我只能成为大学里一个浑浑噩噩的老师。

诗人李白说：人生得意须尽欢。的确，得意时值得我们庆祝。然而"人生不如意事十八九"。在我看来，人生贵在"得而不喜，失而不忧"。比"人生得意须尽欢"更值得提倡的是：人生失意莫惆怅。

硕士研究生毕业后，我回到家乡的湘潭大学，继续当老师。自本科到研究生再到当英语老师，我唯独没有留学过。当然很想出国深造，于是参加托福考试。凭我当时的成绩加上我在上海师范大学读研期间的表现，我申请了加拿大的一所大学，被录取了并且获得了奖学金。非常激动、兴奋，眼看着自己就能去国外留学了，于是我跑到当时外语系总支书记的办公室，说："我被加拿大一所大学录取了，并且给我提供了待遇，我可以去那边留学了。"书记拍着我的肩膀说："小胡，坐下来，别着急。"他随手从抽屉里掏出一份红头文件，上面规定：1.硕士研究生毕业，必须工作满5年，不满5年不可以出国；2.如果要出国，家里必须有直系亲属在国外。当时我既没有工作满5年，也压根儿没有一个亲属在国外。

一个文件就这样把我拒于留学门外，我的心一下从山顶坠到了谷底。那天下着倾盆大雨，我没拧刹车，骑着自行车就往家里冲，当时想，撞在哪个地方就算了。最后撞在一颗大树上，摔倒在泥水中。我突然明白，这个世界应该是公平的，不是有句俗话说，上帝给你关上一扇门的时候会同时为你打开另外一扇窗吗？我不能这样，我必须面对现实，从今天开始彻底放弃出国的念想，全力以赴、脚踏实地在教学岗位上做好工作。后来我带着学生参加湖南省的比赛，参加全国的大赛，获得各种各样的奖励，开始写学术论文在国家级的刊物上发表，出版专著，参加国家级的社会科研项目。4年之后，我被破格评为英语专业的副教授，那年我28岁，据说是当时全国社会科学领域最年轻的高级职称获得者。

如果我自暴自弃、怨天尤人，也许我只能成为大学里一个浑浑噩噩的老师。我庆幸自己能够在跌倒后从泥水中爬起来，能够接受现实，更重要的是积极、勇敢地去面对了现实。

大学生毕业，初涉职场，十有八九不能从事自己满意的工作并得到理想的待遇。于是有些人在工作中应付了事、得过且过、消极懈怠，从来不多干一点儿活，从来不想如何将自己的工作做得更好。试问，这样的员工能够得到企业的重用么？我经常跟同学们说：在学习上不要忽悠自己，在人生的道路上更不要忽悠自己，否则浪费的是自己的生命，耽误的是自己的青春！理智的人会踏踏实实从基层开始做起，只有将自己的本职工作做好，只有将小事做好，你才有可能将大事做好，这样的人才是企业需要的人。越王勾践"卧薪尝胆"，才有了"三千越甲可吞吴"的历史奇迹。面对困难、面对种种困境，我们不应退避三舍，而应迎难而上、突围而出！

别因"短板"抹杀了你的优势

与其花大量的时间去弥补劣势，
做一只博而不精的普通的"水桶"，
不如竭尽全力将自己的优势发挥到出类拔萃！

若干年前，当美国管理学家彼得提出"水桶原理"（又称短板理论）时，估计连他自己也未曾想到，如今水桶原理会在人们工作、生活的各个领域运用得如此广泛。

"水桶原理"最初是针对企业经营而提出的管理理论，其核心内容是：一只水桶盛水的多少，并不取决于桶壁上最高的那块木板，而恰恰取决于桶壁上最短的那块。如今，水桶原理的运用已不局限于企业经营，而扩散到了其他领域，被应用得越来越频繁，应用场合及范围也越来越广，由单纯的比喻上升到了一种理论。这由许多块木板组成的"水桶"不仅可象征一个企业、也可象征某一个个人。水桶原理提醒我们要注重个人的全面发展，让我们更清楚地认识自身的弱势而加以弥补，然而它也极其容易让我们忽略自身的特长。

很多人"深谙"水桶原理，于是竭尽所能去寻找并弥补自身的短板……然而一个有趣的事实是：尽管水桶原理源于美国，但在美国，他们的教育重心是寻求每一个人身上的优点、强项，鼓励每个学生把自己的优点发挥到极致。如果你热衷于你的强项，其他的你不喜欢或不擅长，那么你可以把你的强项发挥到极致，这就是他们的教育。相比之下，在中国，大家似乎有一种面子观念，不甘示弱，强调要"高、大、全"，各方面都要表现优秀。我们的观念是发现短板就拼命地花时间、花精力、花金钱来弥补这个短板，我们自己成了查找自身缺点的专家，为修补这些缺点而倾尽心力。可是结果呢？在近期教育进展国际评估组织对世界21个国家的一项调查中显示，中国孩子的创造力在所有加入调查的国家中排名倒数第五！

我们把过多的精力用于弥补短板，而无暇顾及发挥自身优势。其实，若能集中优势把某一项做精、学专，那将更容易成为某一领域的专家。倘若我们换个思维，将弥补短板的那些时间、精力用于本身喜欢的、擅长的地方，这是不是能够达到事半功倍的效果呢？结果可能大不一样！我们要专心致志专注我们最喜欢的，将其变成我们的强项，让我们自己变得更加强大，因为这可能就是我们今后立足于这个社会的根本。

通常我们认为扬长避短与取长补短互为同义，但我觉得扬长避短旨在"扬长"，而取长补短重心在"补短"。同样的时间、精力用于前者，可能事半功倍，而用于后者则可能事倍功半。正如有人问世界著名魔术师大卫·科波菲尔是怎么成功的，大卫·科波菲尔说：成功对我们来说好比是个固定的车站，我们在为怎么到达而绞尽脑汁，大家都在争夺汽车上的座位，没有得到座位的人不得不等下一班汽车，可是，为什么我们不能骑马或者乘轮船去车站呢？这样，我们不是也到达了吗？只不过我们换了一种方式。事实上小时候大卫·科波菲尔被老师、同学认为是白痴，每次考试都是倒数，即便再努力，学业也毫无进步。因为一次偶然的机会，他对魔术表现出浓厚的兴趣，于是跟随魔术师学习魔术。事实证明，他在魔术方面具有很高的悟性和超前的学习能力，能在原有基础上进行创新，以至于在短短的两年时间就换了四个魔术老师。

诚然，在你几经周折将自己各方面的短板都"补齐"后或许你也一样能成功，但是如果有一种"扬长"的方法能够让你迅速地在自己的领域、行业里脱颖而出，那么何乐而不为呢？爱因斯坦少年时功课平平，不被老师喜欢，教他希腊文和拉丁文的老师还公开骂他长大后肯定不成器。但他对数学、几何和物理有着浓厚的兴趣，凭借他在这方面的优势和努力，最终成为世界伟大的物理学家。

每一个人都有自己的优点和缺点，我们应该辩证地看待"短板理论"，只顾想尽办法提高短板，结果可能耗费大量时间精力依然收效甚微。世界知名心理学家克利夫顿曾说：判断一个人是不是成功，最主要看他是否最大限度地发挥了自己的优势。成功的人善于挖掘自身优势并将其发挥到极致，每个人最大的成长空间在于其最强的优势领域。与其花大量的时间去弥补劣势，做一只博而不精的普通的"水桶"，不如竭尽全力将自己的优势发挥到出类拔萃！

每个人都可以成为"特模"

特模不仅像普通模特儿一样身价不菲,
而且比普通模特儿拥有更长的工作寿命。

也许,大部分人跟我一样,第一次听到"特模"这个词会感到有些陌生。要不是从电视上了解到特模其实也是模特儿,我还以为这又是最近网络上流行的"潮语"。

与人们熟悉的普通模特儿不同,特模是指那些特殊模特儿,如手模、腿模、脚模、颈模、唇模等,其特点是尽管整体看上去并不是花容月貌,但身上某个部位特别漂亮,因而经常在广告里成为明星的替身,或者为一些高档商品做形象代言。让人意想不到的是,特模不仅像普通模特儿一样身价不菲,而且比普通模特儿拥有更长的工作寿命,是个让人艳羡的职业。

然而,成为一名特模并不是天上掉馅饼那么简单,在光鲜亮丽的背后,它同样需要很多先决条件。

首先,特模的诞生要有一双善于发现的眼睛。法国艺术大师罗丹说得好:"美到处都有。对于人们的眼睛,不是缺少美,而是缺少发现。"比如有位腿模,她的身高不到1.6米,按照一般人的理解,她的腿很难与模特儿联系到一起,然而她发现了她的小腿与大腿的比例很特别——小腿长于大腿,整体感觉十分漂亮,于是成为了国内数一数二的腿模。有位男手模,本来是名普通工人，从事工业自动化的工作，然而他的手不仅形状好看，而且白皙光滑，他的妻子就建议他去做手模，并且为他的手拍了许多照片，然后广为推荐，结果真的如愿以偿。能够发现自己的优势或者优势被人发现，往往是成功的第一步。

其次，特模的娇艳要靠辛勤来浇灌。全球著名调查机构盖洛普公司曾经得出这样的调查结果："成功者尽管路径各异，但有一定之规，那就是扬长避短，充分发挥自己的优势。"特模们为了使自己变得更加优秀，往往会投入大量的时间、精力、金钱和努力。一个手模说，她一年四季都要戴着手套，不仅是为了保持皮肤白嫩，同时也为防止蚊虫叮咬。买各种各样的手套本来就得花钱，成天戴着手套也绝非一种享受，尤其是在炎热的夏天；她们甚至不能上网聊天，就连水温也要进行严格控制。另外一个脚模说，她每天要用牛奶泡脚2个小时，每月的保养费至少要花4位数，虽然爱穿高跟鞋，而且拥有很多漂亮的高跟鞋，可平时她只穿平底鞋，为的是不让脚变形。好的特模仅仅通过一个手势或者造型就能让人感知她要演绎的年龄和职业，特模们的付出其实是超出常人想象的，没有大量的投入和惊人的毅力，成就不了优秀的特模。

最重要的是，特模的成功要有良好的心态。英语里有句谚语"Jack of all trades, and master of none"(杂而不精)，意思是说，想样样精通的人结果一样也不精通。中文里也说"术业有专攻"，说明成就一番事业需要专注。特模虽然有风光的一面，但由于经常是别人的替身或者只是局部展示，一般都是不露脸的幕后英雄。如果不能正确理解自己的职业，很可能会出现心态上的不平衡。记得电视节目中主持人经常问他们是否做过这个或者那个大明星的替身，特模们一般都巧妙地回答说都希望能给某某明星做替身，并不直接把给某明星做过替身拿出来炫耀。有一位特模的话给我留下的印象特别深刻，她说："希望大家以后看明星广告时不仅要欣赏明星们的脸，还要仔细欣赏那些局部特写。"可见特模们对自己的职业是充满自豪感的。

特模的故事不禁让我联想到对孩子的教育和培养。有的孩子爱静，有的孩子好动；有的喜欢语文，有的偏爱数学；有的擅长文艺，有的痴迷体育……很难说哪种孩子好，哪种孩子不好。我不反对孩子要德、智、体全面发展，但如果一开始就过分强调"高、大、全"，孩子们很可能就不知自己所长、所短，虽然忙忙碌碌，却收效甚微。

我曾经遇到过一个学生，他想去美国上大学，SAT、托福成绩、GPA都不错，想申请一个好点的学校，所以他把申请工作委托给了新航道留学服务中心。在了解了学员的个人社会实践经历和获奖情况后，我们的老师发现：平淡无奇，没有个人特色。他有的奖项很多同学都有，他参加的社会实践很多同学都一样参加了，真正属于自己特色的东西基本上没有。美国大学的个人文书就是要展现个人的区别性特征。后来，经过留学专家的深度挖掘，重点展现他自身独一无二的经历，最后他同时获得了美国多所名校的offer（录取通知）。无独有偶，在今年北京高考状元被美国11所顶尖大学拒绝后，他自我剖析时提到，原因之一就是自身提供的是"过于全面没有突出亮点"的申请材料，他没有挖掘出属于自己独一无二的特别之处。

由此看来，我们身边不是缺少"特模"，而是缺少发现；我们的孩子不是没有潜力，而是缺少挖掘。孩子成才首先要弄清楚他们各自都适合干什么，之后确定合适的发展方向，然后再加上努力和坚持，最终每个孩子都会走向属于自己的顶峰。从这个意义上来说，我相信每个人都可以成为"特模"。

言辞如树叶 行动才是果实

路,之所以遥远,
是因为我们从未迈开第一步;
理想,之所以虚幻,是因为我们总是在原地踏步。

在网络上读到一则消息:中国青年报调查发现,72.8%的人坦言自己患上"拖延症"。工作、生活中给自己定下远大理想,却总是"明天再说",下班后面对无穷无尽的家务,总安慰自己"已经很累了,先休息一下"……对比、打量一下我们自己,我们是不是也是这72.8%中的一员呢?

60.8%的人认为拖延原因是"懒惰,觉得时间很多";57.1%的人觉得是"为了逃避困难",那你拖延的原因又是什么?如果说是"觉得时间很多",那又何来"我生待明日,万事成蹉跎"?如果说困难在逃避后可以悄无声息地消失,那又何来"山重水复疑无路,柳暗花明又一村"?正确的方法不是为拖延寻找借口,而应该为马上行动寻找理由。

诚然,我相信我们中的每一个人都是有想法的人,每个人都不甘于平庸。然而在任何一个组织、任何一个领域,能够脱颖而出的都只是少数,因为关键不在于想法,而在于行动。我们常常讨论和学习西点军校的行为准则,大家都熟知"没有任何借口"这一西点管理精华。事实上在国内我们的军人也是这样来管理、约束自我的,只是我们的说法叫"绝对服从",本质上他们都一样。仔细琢磨，其实无论是"没有任何借口"还是"绝对服从"，究其根本不就是要我们"立即行动"么？是的，立即行动，像《致加西亚的信》中的罗文那样，没有推脱，没有怀疑，毫不顾忌路途上会遇见什么困难，甚至不揣测能否把信送到加西亚手中，而是马上行动！

我们当中不乏充满激情、阳光与梦想的人，我们几乎天天将创新挂在嘴边，甚至天天在想如何有一个新点子，如何找到一个"从未开辟的新大陆"，却少了些能否将这些点子如何落到实处的思考。我们习惯在行动面前一再拖延。由于不采取行动，再好的创新、再美的梦想最后都沦为了海市蜃楼。

事实上，拖延现象普遍存在，大多数时候是我们已经习惯却意识不到它将带来的问题，或者即便意识到依然听之任之。美国麻省理工学院教授作过一项研究：挑选三个班，将学生一个学期内要完成的论文上交时间规定进行分类——第一个班，学生可自行决定论文上交时间，但如果学生未按照自行允诺的上交期限上交论文就将被罚分，上交期限相对弹性；第二个班，学生完全自行决定论文上交期限，只要在学期最后一节课结束前上交即可，期限弹性，完全自由；第三个班，由教授严格规定每篇论文的上交时间，学生没有任何选择余地。学期结束后，对比三个班级的论文成绩发现：被限定上交时间的班级成绩最好；完全由学生自定上交时间的班级成绩最差；可自己设定但迟交会罚分的班级，成绩介于两者之间。那些取得好成绩的学生都是在既定目标的引导下积极采取行动的人。

克服"拖延"的最好手段莫过于明确目标，马上采取行动！

美国诗人德兰克曾说："行动才是果实,言辞不过是树叶!"1945年诺贝尔奖获得者弗莱明,整整10年将自己困在一个实验室里,研究霉菌,反复试验,而不是单纯的理论论证和主观臆想,最终发现了青霉素。当他与青年朋友分享成功经验的时候,只说了一个字:"做。"

何以至千里?积跬步。当我第一次听到"思想有多远,我们就能走多远"时,我不否认它给人以力量,然而这么多年的经验让我越发觉得,它似乎不够完美。尽管它给人以想象的空间,给人以憧憬的无穷向往,却忽略了过程,再遥远、伟大的理想,不采取行动,也无法到达。有人问世界第一推销训练大师汤姆·霍普金斯:"你成功的秘诀是什么?"汤姆·霍普金斯回答说:"每当我遇到挫折的时候,我只有一个信念,那就是马上行动,坚持到底。"大多数时候并不是我们想不到,而是我们没有采取行动,不是我们做不到,而是我们从未去尝试。

路,之所以遥远,是因为我们从未迈开第一步;理想,之所以虚幻,是因为我们总是在原地踏步。只有立即行动,迈开脚步,才能靠近梦想。我们既要做思想的主人,更要做行动的巨人!

价值25000美元的纸条

在亿万富翁眼里，
这两行字值25000美元，
那么在你的眼中又价值多少呢？

近日，我与同事们分享了一个故事：

有一天，一个人拿着信封走向摩根（J.P.Morgan），对他说："先生，我手里有一个屡试不爽的成功秘诀，我会很高兴以25000美元的价格把它卖给你。"

摩根回答说："先生，我不知道信封里有什么内容，不过你拿给我看看，如果我喜欢并且觉得它有价值的话，我以人格向你保证我会按照你的要求付钱。"

那个人同意了，他把信封递给了摩根。信封打开，里面只有一张纸条，摩根先生扫了一眼，就把它还给了那位先生，并且当即付给了他25000美元。

其实，那纸条上只写着两行字：1.每天早晨，列出当天需要完成的任务；2.在当天执行完毕。

在亿万富翁眼里，这两行字值25000美元，那么在你的眼中又价值多少呢？其实，对于大多数人而言，做到第一件事情并不复杂，我们当中绝大多数人都习惯在每天醒来时想想今天要做的事情，不一样的是，只有极少数人会在"今天把它做完"，或许从某个角度而言，这也是我们学习、生活和工作中只有少数人能够成功的原因。

这个故事大约发生在100年前的美国，或许当时还没有"执行力"这一说法，人们也许只知道"今日事今日毕"。道理如出一辙，如今现代企业越来越强调团队执行力、员工执行力问题，其实一个机构的战略目标再大，一个团队所承载的项目再大，终归要落实到机构的每一个成员，而每一个个人的工作都是具体的，可以量化、可以衡量的。那么对于我们而言，需要做的就是将自己的工作按时、按质、按量完成，如果每个人都这样完成了，那么团队的执行力自然就水涨船高，最后团队的效率就能够达到1+1>2的效果。

一个高效率的团队一定是一个高执行力的团队，一个高工作效率的员工一定是一个高执行力的员工。很多人都惊讶于乔布斯带领苹果创造的一次又一次的商业奇迹，其实围绕在乔布斯成功背后的那些因素并非多么神秘。乔布斯从业30多年，每天早晨都会对着镜子问自己："如果今天是我生命中的最后一天，我会不会完成今天想做的事情呢？"当答案连续多天是"No"的时候，他意识到自己需要改变某些事情了，而他也是在这样一次又一次的反思后去改变他所从事的每一件事情。而这得益于他在17岁时读到的一句话："如果你把每一天都当作生命中最后一天去生活的话，那么有一天你会发现你是正确的。"这句话给他留下了深刻的印象。乔布斯就是这样，"把每天都当作生命中的最后一天，并且把每天要做的事情做完"。所以他能带领"苹果"走向一个又一个成功。成功与不成功的区别不在于每天你想要做的是一件什么事，而恰恰在于你是否按照原计划按时、按质、按量去执行完毕。

工作上如此，学习上亦如此！很多人学习英语，刚开始，雄心勃勃给自己制定了一个万全的计划，起初两天，每天都能够按时按质按量地完成，但是3天后、一个星期后，原本的学习计划就已经被抛诸脑后了，根本无法坚持按照学习计划去执行。于是今日拖到明日，总是把希望寄托在明天，到头来一声感叹："明日复明日，明日何其多！日日待明日，万事成蹉跎。世人皆被明日累，明日无穷老将至。晨昏滚滚水东流，今古悠悠日西坠。"我接触过很多英语学习者，他们曾无数次痛下决心要把英语学好，曾无数次地给自己设计了近乎完美的计划，也曾无数次地有一个良好的开头。可是他们无法坚持每天去完成，结果总是前功尽弃。相反，能在考试中取得优异成绩的，总是那些每天按计划去学习的同学，他们只有一个简单的计划，但是他们却做了一件简单而又复杂的工作：简单在于把当天的学习任务、目标执行下去，复杂在于他们需要顽强的毅力。平时我们总喜欢说"万事开头难"，然而在日新月异的今天，能够一如既往地执行下去更难！

　　一张只有两行字的纸条在富翁眼里价值25000美元，因为他深信，只要按照纸条所说的去做，他一定能够创造远高于25000美元的价值；而这张纸条对我们当中有些人而言一文不值，因为我们无法按照纸条中所言去践行！无论是工作还是学习，无论是短期目标还是长远规划，我们不仅需要一个清晰可实现的目标，而比设立目标、制定计划更重要的是执行。所谓执行力，最基本的就是三个衡量标准：按时、按质、按量。如果每一天我们都这样做到了，那么就会如那首歌所唱的："每一天，为明天！我们的任何目标都可能实现！"

美国小伙中国职场成功记

从24岁在新航道成为中国民办教育机构里第一位外籍校长，
到现在的副总裁，
我一路看着他的成长、进步、成熟。

那天，是王渊源（John A Gordon，美籍）老师跟一个中国姑娘的结婚喜宴。

在结婚宴快结束的时候，王渊源和他妻子的父母亲一起，端着酒，走到我的跟前，要敬我酒。

我很是诧异："咦？刚才不是已经敬过酒了么？"

他说："我今天敬这杯酒是想感谢您曾经跟我说过的一句话。"

看到我满脸的疑惑，他笑着说："可能您不记得了，我第一次从您办公室走出门的时候，您跟我说过：ّI can make a future for you in China!ّ"（我能够让你在中国有一个好的未来）。

"哦，我记起来了！"这时我才想起来，几年前，当时我在另外一个机构担任校长，他是一个留学生，过来帮他朋友（现在的妻子）亲戚的孩子报名参加培训，完全是个学生模样，腼腆、和善、瘦削、帅气。给我的感觉是中文说得不错，嗓音比较好听。尽管此前我已经接触过不少留学生，也有很多优秀的，但是唯独他给我的第一印象最深，让我记住了，尤其是他那流利的汉语和独特、富有磁性的嗓音。就在他出门、快要把门关上的一刹那,我叫住了他,我跟他说了一句话:I can make a future for you in China!时隔几年,连我自己都忘了当初跟他说过这句话。

"这是我呆在中国的根本原因之一。"他告诉我。如今他已经娶了中国妻子,已经是新航道国际教育集团的副总裁。

确切地说,王渊源大学毕业后第一份正式的工作应该是在新航道。那是2004年下半年,我创建新航道,邀请他加盟,他很爽快地就答应了。我相信当时他根本没有想过未来会有什么样的挑战,创业会有多么艰难或者多么辛苦。严格地说来,他是在新航道这个平台上成长起来的,和新航道一起成长、发展。接下来我们一起经常奔波在全国各地。那时王渊源跟爱人刚买房,很多事情都需要处理,然而他依然坚持跟着我们一起在外面奔波,跟着团队一起在外地巡讲,他爱人就一个人承担了所有的家务,家里的装修、生活上的琐事等等所有的事情,都是他爱人自己去面对、去解决。

记得有一次,湖南的一个朋友请我们吃饭,席间他接了个电话,我们估摸着应该是他爱人打过来的,后来从他口中得知确实是。那个电话通了差不多一个小时,站在他的角度,我想当时他难免也有一丝的无奈,因为工作忙,出差在外无法抽身,无法照顾爱人,却时时又在挂念。那天天气还很寒冷,我估计他是在安慰他的爱人。一直到现在,我跟王渊源还是经常一起出差,每次他一下飞机或者火车,甚至是晚上讲座结束后,都会给妻子发个信息或通个电话。无论是在新航道初创时在外地奔波,还是在日常的工作和生活上,他对爱人的关心和思念是始终如一的、永恒的。无论是事业、工作还是家庭,他都在用心地呵护着。在我看来,一个男人只有当他把家庭放在第一位的时候,他才能把其他诸如事业和工作等做到最好。

自新航道创业一开始,他就跟着我,从来没有动摇过,即便是再艰苦、再辛劳也都坚持了下来。多少个节假日都在外地的讲台上度过,好几个结婚纪念日都无法跟爱人在一起,工作非常勤奋。他的人品和工作作风几乎是中美文化的完美结合,他的敬业精神和职业精神都是值得新航道的员工学习的,也是大学生学习的榜样。

很多人都看到过王渊源在电视节目中的快乐形象,然而在我看来,王渊源实际上并不是一个喜欢去欢闹的人,确切地说他是"该工作的时候全身心投入工作,该欢闹的时候尽情地放开胸怀"。即便是娱乐,他也是很认真的,他会很用心很投入。比如我们的联欢晚会什么的,只要是他上去表演节目,那一定是最受人欢迎的、最精彩的。不管面对什么样的挑战和机会,他都会非常投入,在玩的时候也是这样,他会抓住每一个细节。我最喜欢听他唱崔健的《花房姑娘》,每次听到他唱这首歌,我都觉得那是他最放松、最释然的时候。一个年轻的小伙子在新航道担任如此重要的一个角色,我觉得他肩上的压力肯定也很大,但是当他每次给学生作讲座唱到那首歌曲的时候,又能让人看到他最放松、最富有激情的一面。

从初次见面时还是一个懵懂、年轻的美国小伙子,到成为一名老师,现在的王渊源已经是成熟、稳健、充满朝气、极具亲和力的"大人",是一个属于美国人喜欢、中国人也喜欢的人。从24岁在新航道成为中国民办教育机构里第一位外籍校长,到现在的副总裁,我一路看着他的成长、进步、成熟。他一直在中国,在一个异国他乡演绎着自己的精彩。

"路漫漫其修远兮,吾将上下而求索!"未来的路还很长,我相信,一个人,尤其是年轻人,无论他身在何地,身处何时,只要敢于去拼搏,去努力,就一定能够取得无法估量的成就。

看到王渊源作为一个美国年轻人在中国的发展,我和爱人也经常拿王渊源作榜样来教育我们自己在美国求学的孩子:一个是美国年轻小伙子在中国,做得非常优秀;一个是中国年轻人在美国,我希望自己的孩子也能像王渊源这样,能够表现得非常优秀。

I will persist until I succeed.

我坚持，我成功！

湘潭大学七九级的8个帅哥和外教老师合影。
借您的慧眼,认认谁是我。

我的结婚证上的照片。
20多年了,
因英语结缘的这份爱情,
新鲜如昨。

跟亲爱的她在母校湘潭大学图书馆前。
朋友们问我为什么闭着眼睛，
我说我在憧憬未来。

读研时在上海师大校园。
那是个考研改变命运的年代，
经过几年的艰苦备考，
我才得以站在这里微笑。

我是"民工"。

1995年春节,
我们到北京后的第一个春节。
两位老乡兼朋友带家人来陪我们过年。
这张相照于正月初一。

我和老外"亲密接触"。

在英国,
我没有去打工赚镑,
而是与这位朴茨茅斯大学的讲师合作,
写了后来被列为外语学习畅销书的《托福高分作文》。

和俞敏洪在长城。
身后苍山莽莽,
头顶白云悠悠……

得天下英才而育之,
人生一乐事也。
我喜欢被学生簇拥的感觉。

这些年记不清做了多少场讲座，
但讲得最多的是：
我坚持，我成功！

2009年,
我获得英国文化委员会颁发的
全球雅思考试20年20人杰出贡献奖。
雅思和我,
相互成就。

儿子已比我们高出了一头。
2010年在美国夏威夷。

来到人造的"最高观光厅"不易,
到达人生的最高观光厅更难。

I will persist until I succeed.

我坚持，我成功！

04/

成功留学才是真留学

你为什么要出国留学？

答案千千万万，可大可小，
上可以俯瞰世界，报效祖国；
下可以只为一己之私，圆己之梦。

阔别一载，孩子从美国回来与我们团聚。在一次晚饭间，我们聊到他在美国的学习经历。他告诉我们，他这3年来在美国最大的收获是：1.找到了自己的兴趣和目标；2.已经融入到国际文化中；3.已经培养了自己独立学习、工作、生活的能力。相比3年前，他提出要去美国上大学时的3个理由：1.希望接受世界上最好的教育；2.想挑战自己的潜能，跟世界其他孩子竞争；3.渴望融入到国际文化中，我感觉他收获到了更多。

常常有人问：为什么要留学？其实，留学并不需要太多理由，每个人都应该有自己的留学目标。就如我们刚上学时，老师常问的"为什么读书？"周恩来的回答是"为中华之崛起而读书！"我们还记得我们小时候的回答么？其实，关键不在于问题是什么，而是我们内心究竟渴望什么样的答案，我们的理想是什么？只有带着一种理想去留学，去学习，去追求，你才能真正有所收获！

留学不是目的，而是实现人生梦想的途径，是一种追求。在很多人看来，中国改革开放的总设计师邓小平的留学是失败的，当年他几经波折去法国留学，历尽艰辛，因为种种原因而中途辍学。但正是由于他在法国的那段人生经历和磨练以及对国家前途和个人出路的探索，结识了许多后来对他帮助颇大的朋友，在磨砺了意志的同时，他在国外的所见所闻，让他具有了开放的眼光，为他后来成为中国改革开放的总设计师奠定了视野基础。如此，谁又能轻视留学对他整个人生的影响呢？

留学并不需要太多理由，无论是迫于国内就业形势而出国深造，还是为圆父母心愿。无论是为报效祖国，抑或只是为了自我证明，重要的是每一个理由都应该来源于我们内心深处，内心的驱使能帮助你的留学生涯别样精彩。1935年，钱学森从上海乘坐美国邮船公司的船离开祖国。告别浊浪翻滚的黄浦江，远望着渐渐模糊的上海城，钱学森在心中默默地说："再见了，祖国。你现在豺狼当道，混乱不堪，我要到美国去学习技术，早日归来，为你的复兴效劳。"对于大多数人而言，说学习国外先进的科学、技术，回国报效祖国也许太遥不可及，但是我们总应该有最起码的人生追求，对成功的渴望。你的人生理想是什么？鲁迅希望自己能够成为一个救死扶伤的人，所以赴日学医；后来他意识到要从思想上拯救整个民族，所以又弃医从文。留学与否只是我们人生中一段成长的经历，而不是结果。我们一定是为了某种愿望，为了心中的某种理想和追求而出国留学！

1997年，我赴英国朴茨茅斯大学做高级访问学者。我的目标就是要真切感受英语国家的人文精神，增强自身英语语言与文化方面的学术底蕴，同时探究英汉两种语言的表达与思维差异。所以面对众多的打工机会，我没有动摇过。我知道我为什么要出国留学，而不是为留学而留学。

你为什么要出国留学？答案千千万万，可大可小，上可以俯瞰世界，报效祖国；下可以只为一己之私，圆己之梦。倾听倾听你内心的声音。在你内心一定有一个能让你自己满意、或者确切地说是能让你的未来满意的答案！正如诗人狄金森笔下的《篱笆那边》所描述的："篱笆那边，有草莓一颗……"只有我们自己爬过篱笆才能品尝到草莓。大洋彼岸，有我们醉心的梦想，只要我们敢于越过，就可以摘得理想的果实！

成功留学必经的三个阶段

成功留学没有固定的标准，
每个人对于成功都有自身的理解，
然而这三个阶段是每一个计划出国留学的学生都将经历的。

又到一年百花争艳时，又是一年大话留学季。伴随新一批计划出国留学的学生及家长关注焦点的重现，"如何成功留学？"这个"老调"话题再次被"重弹"。

正如王国维大师在《人间词话》中所说，古今之成大事业、大学问者，必经过三重境界。与其说它是三重境界，不如说它是实现成功必经的三个阶段，成功留学也不例外。

第一阶段：昨夜西风凋碧树，独上高楼，望尽天涯路。

人生最难的不是奋斗，而是选择，对于留学，很多家长与孩子首先要面临的就是这样一个选择。经济学上有一种"机会成本"的说法或许能在一定程度上解释为什么选择会这么难。就如大学生所言，毕业后至少面临三种选择：国内考研、出国留学、步入职场。它们三者间互为"鱼和熊掌不可兼得"的关系。也正因为如此，所以我们难免"在爱与痛的边缘"徘徊。而事实上，也只有"望尽天涯路"后经过一番彻头彻尾的取舍，才能全情投入到所作出的抉择中。

去年，我朋友的孩子瞒着他父亲，一个人到北京来找我。因为他已经获取保送国内一所重点大学的读研资格，而他父母也非常希望他能够去这所大学深造。但他更想在大学毕业后能去自己喜欢的国家和学校读研,所以特地跑来征求我的意见。交谈中,他告诉我,大学期间他从未放弃过出国留学的念头,大学期间丝毫不敢松懈英语学习,各项社团、社会活动都积极参与,各方面表现都非常优秀。听了他的情况,我帮他作了一番分析,最后他放弃了国内的保研资格,决定出国留学。经过一年的TOEFL、GRE考试准备,他成功获得了美国一所世界前50名大学的offer。对他而言,他已不需要去挤国内考研的独木桥,轻轻松松就能走进国内大学,然而他选择了"寄托"的煎熬,追求自己的留学梦想。

第二阶段:衣带渐宽终不悔,为伊消得人憔悴。

没有"独上高楼,望尽天涯路"的彻底与决绝,就难以有"为伊消得人憔悴"的果敢与坚持。留学并非人们想象中的那么简单,初入异国他乡,留学生不仅要面临语言、不同地域文化、课堂风格的挑战,而且要面对来自世界各国优秀学生的压力,要想在众多优秀的学生中脱颖而出,需要付出的努力可想而知。

记得我自己的孩子在美国上大二那年,有一次在跟孩子上网聊天后,我不经意间进入他的个人空间,想看看孩子在美国平时都学点什么。看了后,我跟我爱人都惊呆了,他的空间里面有一张作息时间表,每天从早晨6:30起床开始到晚上10:30,活动安排得满满当当:三个专业课程的学习、学校活动、校外兼职……正是这么努力,所以他在大三就拿到了第一个本科学位。作为父母,我们非常心疼孩子这么努力地学习,但是从每次的电话和上网聊天中我们感知到的,是他内心的充实与激情。

第三阶段:众里寻他千百度,蓦然回首,那人却在灯火阑珊处。

不论是在国内大学还是在国外大学，毕业后，学生的普遍意识是不知道大学里到底学到了什么。的确，大学之学不是书本知识的言传身教，更不是具体技能的传授。爱因斯坦曾说："什么是教育？就是当你把受过的教育都忘记了，剩下的就是教育。"无论当初是为了什么目的出国留学，绝大多数学生留学后最终还是要进入职场，历经了"不悔"与"憔悴"后你将收获"灯火阑珊处"的惊喜。经过留学期间在国外的学习、生活经历，不论是专业知识的学习，还是对国际语言的掌握，对西方文化的了解，这些独一无二的留学经历，将潜移默化地影响着你未来的职业生涯和人生发展。

在未来的职业发展中，比专业技能、专业的学科知识更重要的是通用技能，如国际视野、语言能力、思维方式、社会实践能力、对多种文化的习得。留学期间，留学生有机会，也有条件站在全球视野去获得更多、更好的机会，通过与不同国家学生的学习、生活和校外实践工作的锻炼，耳濡目染西方文化，这些都是助推未来职业发展的重要能源。专业的知识能让我们立足于某个专业领域，而通用的技能能够帮助我们在专业领域走得更远，飞得更高。

成功留学没有固定的标准，每个人对于成功都有自身的理解，然而这三个阶段是每一个计划出国留学的学生都将经历的：

独上高楼，望尽天涯路——我为什么留学？

衣带渐宽终不悔，为伊消得人憔悴——我该如何留学？

那人却在灯火阑珊处——我将收获什么？

找到属于你的答案，走属于你的成功留学之路！

成功留学才是真留学

出国留学和成功留学，
它们两者之间有天壤之别。

现在，留学已经从以前的精英留学转为"全民留学"，然而，随之而来的问题似乎也愈演愈烈。经常目睹或者听闻很多留学生回国后找不到工作的消息，最开始我们偶然会听到的一个词是"海龟（归）"，后来我们能够经常听到的一个词是"海带（待）"，现在我们常挂在嘴边的一个词是"海参（剩）"，就是剩下来的，都已经没有等待的机会了。"海参"现象说明，海外文凭并不是就业保障，一些留学生留在国外或者回到国内照样有可能成为没用的废品。由"海龟"到"海带"再到"海参"，并且现在"海参"的增长速度越来越快，尤其是随着低龄化留学人员的增加，这个问题越来越严重。为什么会这样？我想，很多同学只能说是出国留学而不能说是成功留学，它们两者之间有天壤之别。

学好英语，成功留学的第一步

2009年初，在英国留学的十几个中国学生被遣送回国，因为他们的雅思成绩作假。2009年年底，在澳大利亚又有一批学生被遣送回家。为什么？因为他们到了澳大利亚后，听课听不明白，作业无法完成，于是开始厌学、逃课。在澳大利亚，你的签证是和你在学校的学习状况、学业、出勤率以及日常表现直接挂钩的。如果在学校的出勤率达不到移民局的要求，学习和表现不好签证将无法延签。更让人担忧的是：在美国，有些低龄化的留学生和研究生，到了期末考试的时候急匆匆地给国内的父母打电话、发电子邮件，要求父母到出版社或书店去购买自己本期所考课程中文版的教材。试想，在美国上学的学生，在一个英语的国度里，等到考试的时候，急急忙忙来找中文版的教材，有没有搞错？这是一件多么恐怖的事情！很多学生原本以为，只要到了国外，有了英语学习的环境，自然就能够把英语学好，这是非常不现实的。因为你会发现，到了国外，如果你的英语不好，很多国外的同学和朋友都不会乐意跟你交流的，更何况是在拿他们自己的时间去陪你练习英语了，那是在浪费他们的时间，你想都不要这样想。在他们眼里，时间就是金钱，在国外任何陪练都是按照小时收费的！

无论是在美国、英国、澳大利亚、加拿大等这些英语国家留学的学生，还是到其他国家留学的学生，一下飞机，就自然分流，英语好的可以迅速融入到当地的人群和环境中，并很快融入当地的文化，能够迅速与国外的同学在一起学习、一起生活。而英语不好的同学则自发地跟来自祖国各地的朋友、跟一群老乡抱成一个团，涌向唐人街，还是一起吃中国饭，说着一口流利的汉语。一段时间后，很多出国之前非常开朗活泼的同学，出去一两个月，性格就变得压抑、自闭起来，因为他没有办法跟周围的人群交流，他不具备那种语言能力。

成功留学一定是属于在出国留学之前就已经作好了充分准备

的那些人。而英语是一个最基础最重要的准备。如果你没有准备好英语，那么到国外根本不能融入到当地的生活和课堂学习中，留学生涯将大打折扣，几年后获取的仅仅是一纸文凭。因此，要想成功留学必须在出国前就学好英语。

没有规划，就没有成功的留学

现在中国大学校园里面有一首广为流传的打油诗："大一的学生不知道自己不知道，大二的学生知道自己不知道，大三的学生不知道自己知道，大四的学生知道自己知道。"很多同学大一的时候刚刚高考完，放松了，想歇脚。结果，一歇就是四年，到了大四面临众多的选择，只能等着歇菜了，基本上没有什么大学规划或职业规划。同样，很多学生到了国外留学，也是一样，以为到了国外大学就进入了人生的保险箱，根本没有意识到应该去规划自己的留学生涯。事实上，在国外上大学，你一进入学校就在规划了，你的导师会引导和帮助你一起规划大学生涯，或者说你要主动去规划自己的未来，规划自己寒暑假要去什么样的企业实习，希望等到自己毕业的那天拿出去的简历上面写着引人注目的实习经验、社会工作经验。但是很多学生都是被动、应付式的，又有几人真正主动地去规划过，好好地去执行呢？

我们现在很多大学生基本上都没有意识到要好好地规划一下自己的大学生活。作为一位家长，同时也作为一位长期在一线教育岗位的老师，我想跟大家一起分享一下发生在我身边的例子。我自己的孩子也在美国上大学，2009年6月暑假回国，呆到8月份回学校。他回来跟我说的第一个想法，是要想方设法到国内最好的企业、相关的职位去实习。结果，暑期他自己去找到了某著名门户网站，做了一名财经类实习编辑。因为他在大学学习了两个专业，第一个专业是金融，第二个是计算机，所以他首先选的是与金融相关专业的实习。他当时跟我说："老爸，大一大二的暑假我想在国内实习，在国内相关行业内最好的企业实习。到明年的暑假，我希望进入北京的全球四大著名会计师事务所去实习。"到了大三，他希望能够在美国本土最顶级的企业的相关专业实习。争取通过四年的假期，可以在一个纯正的中国本土企业、一个在中国的外国企业、一个在外国的中国企业、一个纯美国企业四种不同类型的企业都实习过，使对各种企业的认识更加全面和深刻。这样，大一大二他已经拓展了人脉关系，具备了一些基本的行业基础，那么即便他毕业后先在国外打拼两年再回国内的话，也有了一定的基础和经历。同时大三通过在国外的实习，可以拓展在国外的人际网，为毕业后的工作打下基础。

四年时间一晃而过，如何充分利用为自己的未来奠定基础，对你的整个人生都将起到很大作用。不同的人会有不同的打算和想法，但是无论怎样，一个合理科学的规划是你能否最后实现目标的重要保证。如果没有科学合理的规划，那么很有可能我们的大学生涯就这样被荒废了，我们留学的目的是为了学到更多的知识，能够见多识广，能够在毕业后有个好的工作、好的发展、好的未来，然而四年后你的命运恰恰是从你走进大学的第一天起开始决定的。所以从大一开始就应规划你的大学生涯，为毕业的那天作好充分的准备。

"学好英语，把握未来"。出国留学需要学好英语，同样，对于那些不打算出国留学的同学，也建议他们努力学好英语。因为，一个不可否认的现实是，在国际化程度越来越高的新时代，无论你大学毕业后走向何种岗位，英语都是一门必不可少的重要技能。对于那些有志出国留学或者正在海外留学的同学，我们期待着你们早去早回！

留学期间这样打工最有效

也许你找了一份带有义务性质或者慈善性质的工作，
但是只要与你的专业和未来职业发展有关，
即便你拿不到钱，也应该去做。

留学生打工，毫无疑问是一件好事情。很多家长一听到在国外打工就会心疼自己的孩子，怕孩子吃苦受罪，甚至干脆跟孩子说：我给你钱不就行了么，又不差那点钱，干吗偏要去打工呢？把那些打工的时间花在学习上不是更好么？实际上，打工不仅可以培养自身的能力，减轻家庭经济负担，还可以获取一些工作经历。更重要的是，我们可以通过打工来接触外国社会、外国人，加强语言学习。然而，很多同学知道应该去打工，可是却不知道通过打工应该获取哪些真正有价值的东西。

结合专业，为职场生涯作好充分准备

对于留学生而言，打工的目的不是为了挣几个美元、澳币，而是为了锻炼自己，提前了解社会，为将来步入职场作准备。记得1997年我在英国朴茨茅斯大学做访问学者的时候，周围很多的学者和研究生也在一股脑儿地专心打工，一个小时能挣好几个英镑，那时候的1英镑兑换成人民币就是10多元钱，实在是诱人。他们的专业都是文学类或者语言教育类的，结果打工的地方基本上都是那些香港人、大陆人或者台湾人开的中国餐馆。当时我也

有很多这样的机会，但是我拒绝了，因为我觉得在那里打工，除了能拿到钱外，对未来的职业发展没有任何帮助。

那时候，我做的一件事情是跟朴茨茅斯大学的一位讲师谈合作写一本作文方面的书。每次我都约他出来喝咖啡，然后边喝边聊。因为我了解到，当时中国人编写的英文作文书，还有由英美人士编写的英文作文书，在市面上已经有很多了，但是由中国人和英国人合作，既从中国人的角度又从英国人的角度来编写的英语写作书籍似乎还没有过。当我把自己的想法跟这位老师沟通后，再加上我多次的咖啡宴请和热情，这位讲师接受了我的邀请。尽管当时我并没有挣到钱，因为我天天在整理那些作文，但之后的事实证明，我的选择是对的。那时候已经有电子邮件了，整理好作文后我都会及时发回给我大学里的那些学生，让他们感受一下，英国人写的这些文章他们是否能够承受得住。然后再将中国学生写的作文拿给那位讲师看，看是否符合英式思维和写作模式。来回地切磋和交流，写了一本书。回国后，我把书稿投递到外文出版社，出版社的专家们经过论证和调研觉得书的质量不错，就出版了。这本书就是后来被列为十大外语学习畅销书的《托福高分作文》，又被称为"绿宝书"。这是第一本由中国英语教师和英国英语教师合著的英语写作方面的教学参考书籍。这本书前后一共印了120多万册，当然我也从中拿到了一笔不菲的版税。

因此我想告诉大家的是，有些钱不是当时就要兑现的。也许你找了一份带有义务性质或者慈善性质的工作，但是只要与你的专业和未来职业发展有关，即便你拿不到钱，也应该去做。因为当你走向社会去面试的时候，或许这个经历就可以让你脱颖而出，因为很多国外企业要看你的专业经历和个人的奉献精神，也许恰好因为这点，你就得到了一份待遇优厚的工作。假如我当时把用来整理书籍的时间和跟英国大学讲师沟通的时间花在了那些香港餐馆里面打工，也许回国后在学术上的见识就不会有这么深刻。现在看起来，那段时间还真有点给自己打工的感觉。这段整理书籍的经历，不但全面提升了我的学术水平，同时也培养了我用英语思考的思维方式。包括现在我主编的很多书籍，里面很多的想法都跟这段亲身经历有着不可分割的关系，可以说它影响着我的整个职业生涯。

打工一定要适度，要有所侧重。你的专业是什么，未来的职业倾向是什么？有哪些东西是你以后可能需要具备的但是在国内又学习不到的？无论怎样，打工是为你的学习和未来的职业发展作准备的，用人单位在招聘的时候注重的是你的相关工作经历，一定要确保打工经历能够在职场上助你一臂之力。

习得文化，为未来的职场空间作好铺垫

经济全球化的发展对人才提出了新的要求，而判断国际型人才的一个很重要标准就是是否精通各国文化。对于中国留学生而言，西方文化精通与否，影响着我们未来职场发展空间的大小。很多留学生为了让自己在毕业时有个打工的经历，就随意地给自己找个工作，在中国餐馆干上几天，看到的只是暂时的、表面上需要的东西。或者有些大学生为了能够挣点外快，去饭店找个零时工。试问，这样的经历能算是海外工作经历么？它跟我们在中

国随便找一家餐馆去打点小工有什么区别呢？如果只看到眼前的一点回报，没有长远的眼光，没有前瞻的意识，最后只能导致自己在职场上屡屡错失良机。

正是由于多次跟那位青年讲师的沟通和交流，我了解到了很多的西方文化和礼仪。有时候我们一起带着问题去请教朴茨茅斯大学里的一些专家和教授，潜移默化中我学到了很多与老师和学者交流的知识。如何跟国外的年轻学生交流？如何让那些学生心甘情愿地把自己平时的佳作借给你欣赏，跟你一起探讨写作中遇到的问题？这对我以前、现在甚至是未来的工作都有着非常重要的帮助。我跟那些来自不同国家的外教老师能够融洽友好地沟通和交流，包括很多年轻的外教来新航道参加面试，我都可以很快地跟他们谈到一起，就某一个问题毫无障碍地探讨，所有的这些都得益于那段时间对西方文化的习得。因为只有进入他们的文化环境里面，他们才能够对你敞开心扉，很多时候都有种一见如故的感觉。现在我经常去国外考察，还有跟我们的外国合作伙伴洽谈各项事宜，基本上都能够游刃有余，这些与对西方文化的了解有着直接的联系。

据调查，目前80%以上的中国人在国外都是从事技术领域的工作，只有很少一部分人是从事管理类工作的。一个很重要的原因就是对西方文化了解不够，很难深入地融入到企业的文化环境里。毫无疑问，只有真正能够走上管理领域，才能够有更大的发展。在留学期间，我们完全有机会、有条件通过打工来获取这种能力，去了解西方文化。

我们打工的目的不是简单地获取一点实践工作经验，敷衍了事，更不只是为了生活而挣饭钱。而是在一个零距离的环境里面去感受当地文化，这才是更重要的。一个国际型人才首先就应该熟悉世界文化，无论是你学成回国，还是想在国外发展。经济全球化，众多的外国企业入驻中国，众多的中国企业打入外国市场，而现在这类企业缺少的就是那种既熟知公司本身文化又能够精通当地文化的人。倘若你在留学期间已经对西方文化精通了，那你的机遇和职业发展无疑将有着巨大的优势。这种环境只有你在国外的时候才有的，比起我们刻意地通过电视或者书本去了解西方文化和西方礼仪来得更实际。因此，在打工选择的时候，一定要尽可能地去国外土生土长的企业或机构。这是我们非常容易忽视的，但确实是现在和未来非常重要的一点。

普林斯顿大学为何拒录4000名全A生

很多中国学生的考试成绩能够在申请中"绩压群雄",
但是结果却总是与美国名校失之交臂,为什么?

据11月中旬公布的《2010年美国门户开放报告》显示:2009至2010学年,中国将成为美国最大留学生源国,人数达12.76万人,同比增长29.9%。绝大部分留学生都梦想能够申请美国名校,尤其是常春藤盟校,但是每年被这些名校录取的学生屈指可数。自1996年哈佛大学在招生中拒绝了165个SAT满分的"高考状元"后,2009年普林斯顿大学又拒绝了4000名全A学生。很多中国学生的考试成绩能够在申请中"绩压群雄",但是结果却总是与美国名校失之交臂,为什么?

毫不夸张地说,美国名校申请就是一项"系统工程",既要兼顾"面",又要突出"点"。

都要优秀的"面"

美国名校,尤其是常春藤盟校,作为世界名校,录取申请严格程度可想而之,他们要挑选的是世界各地学生中"尖子中的尖子"。名校眼中的尖子,除了学习成绩好之外,更注重创造能力、领导才能、奉献精神、个人潜能以及综合素质等,他们对花百分之百的心思学习、其他什么活动都不参加的学生不感兴趣。

如果一个学生只在考试方面成绩顶尖，但是在其他方面，如社团活动、个人才艺等方面却一片空白，这样的学生是几乎不可能被美国名校录取的。在他们看来，你把所有的时间只投入到学习这一件事情中，与那些多才多艺同时又成绩优秀的学生比起来，你的学习效率、生活效率是不可同日而语的。因为美国名校需要培养的是领袖型的人才，领袖型的人才就需要具备比普通人在同样的时间里同时处理更多事情的能力，而不是只会死念书，只能取得一个好成绩。普林斯顿大学就明确表示：会检查申请者的成绩单，但不会只看他的成绩，希望申请者提供的资料能够帮助学校欣赏其才华、学术成果和个人成就。他们需要知道你如何把握学校提供的丰富多彩的学业和非学业机会，而这些都跟学生表现出的学术能力、兴趣爱好紧密相关。

几乎每一次作讲座我都会强调：出国留学要早规划、早准备！很多家长和学生以为只要一门心思准备各种硬性的语言测试即可。实际上比这些硬性的语言测试更重要、需要更多时间去准备的是那些软实力，如学术活动、文体活动、社会活动、工作经历等。还有，每一个学生可能需要更多的时间去发现和挖掘自身独特的特征、优势，这些特征和优势往往就是最受名校青睐的地方。

独一无二的"点"

将个人自荐信（PS，即personal statement）与文书写作（essays）称为美国名校申请中的"王牌"，一点也不为过。因为在美国名校申请中，考试成绩TOEFL、SAT、AP成绩都有可能相同，社会实践、参加的社团活动和个人才艺都有可能大同小异,唯一最能区别学生的个性之处就是自荐信。一份独一无二、独具个性的自荐信可能帮你迅速叩开名校之门。

个性不一定就是说你个人的特长、优势,其实在美国名校申请中,只要是能够区别于他人的,自身独一无二的某一方面即可,比如自身的故事、申请名校的原因、理由等等,都是体现个性的方面。我经常问学生:你为什么选择去美国商学院读经济、金融专业?他们告诉我:赚钱。没有几个人能够给我一个确切的有个性的回答。事实上,美国名校的录取中,他们更期待的是看到你身上与众不同的一面。在录取审核中,哈佛大学宣称:"没有进入哈佛的固定模式,我们给予申请人最大的自由和最灵活的方式,告诉我们他认为最重要的事情。"耶鲁大学强调:"寻找最聪明最优秀的人才,这样的人才能够充分利用学校提供的独一无二的学习机会,让自己成为未来的领袖"。

新航道留学服务中心的资深美国留学顾问曾指导过一个这样的学生:他高中时是作为交换生在美国上的高中,他最后申请到的是"常春藤"宾夕法尼亚大学沃顿商学院——全球最著名的商学院之一。他在自己的Essay中写道:

"窗外下着小雨,大家都打着伞,此时的我非常想念我的家乡。我的家乡在中国的南方,每天也下着像这样的小雨。我的家乡还是全世界的雨伞基地,有95%的雨伞是从我的家乡走到世界各地的。我知道窗外95%的人都是打着我们家乡生产的雨伞,我也知道我们家乡制造雨伞的都是一些小公司,而且有80%的利润都是在外国商人的手中,只有20%的利润在我们自己手上,所以我们工人的工资很低,工厂的效率也不是特别好。我来沃顿商学院上学的目的就是想了解这个产业结构，了解公司的运作过程，我要在将来把这其中大量的利润留在我们家乡，留在我们中国！"这个学生将自己最真实的人生理想表达了出来，而学校会认为它们具备这样的资源能够帮助世界各地的学生实现理想，成为某一领域的领袖，从而更好地回馈社会。

美国名校申请就是一个"系统工程"！它犹如我们拿着一张白纸开始在上面描绘，我们既要将各个部分都呈现出来，又要将最后的那一笔"画龙点睛"，让整个画面熠熠生辉。既要注重面的优秀，又要将自己的"个性"尽情绽放，优秀的"面"带你到达名校的门口，而闪亮的"点"将帮助你一步跃入名校的殿堂！

051

英语是怎样"炼"成的

中国大学生的"补丁"英语

一些人步入社会,每次遇到挫折,
觉得不会英语不行,于是从头学。

著名咨询公司麦肯锡在一份报告中指出,中国大学生英语口语水平的欠缺,使他们只有不到10%的人能够满足跨国公司的要求。我深受触动,为什么这么多大学生花这么多年时间也学不好英语?

首先是一些大学生学习英语的目标不明确。为什么要学英语?学英语到底有什么用?他们对这些问题很迷茫。有的人仅仅把目标定在过四级上,以为过了四级就大功告成。现在很多学校四级和学位不再挂钩,有些人就觉得可以不考四级了,甚至都可以不用学英语了。

这种想法很不对。如今英语已经成为国际间交流的一种工具,是国际化青年必须具备的技能之一,如果不能熟练掌握,将来无论是求职还是工作,都会遇到很大阻碍。很多大学生向往外企,但实际情况是,有的人一打电话,听到对方说的是英语,就不敢回答,立马把电话挂断了。要进外企,英语是第一块敲门砖,不好不行。

有的同学说,自己在偏远地方的大学读书,可能一辈子都用不到英语,没必要学英语。这样的想法是荒唐和没有道理的。如今是互联网时代，获取信息，了解世界的途径已经不仅仅是报纸和电视，而网上的信息，英语的要占大部分。英语是国际化的语言，不再单属于英国或是美国，它已经没有了国界。

很多大学生希望学好英语，但学习的方法不太对路。比如没有规划：往往是今天背单词，明天看语法，后天练听力，三天打鱼两天晒网，缺乏系统性，就更别提整个大学四年的英语学习规划了。当然，问题也不全在学生身上，学校的英语教育也有一些不尽如人意的地方，比如没有在新生入学的时候告诉学生，大学阶段英语到底应该怎么学。尽管国家教育部有教学大纲，但是很少有学校从一开始就制定具体学习的总体规划。由于没有计划性，所以一到考试，就容易病急乱投医。最后形成的一个顽疾是，一些人步入社会，每次遇到挫折，觉得不会英语不行，于是从头学。举个例子，很多学生毕业工作很多年，一旦重学英语，不管以前是什么水平，都还是从新概念第二册开始。以上现象，我把它称为"补丁英语"或是"补疤英语"（patchy English）。

有的学生即便明确了自己要去外企，但学到的英语并不够用。换句话说，他们学到的英语不是实用的英语（practical English），而是教科书英语（textbook English），求职时说英语很生硬，没有平时大家说的语言那么鲜活，也没有职场英语那么规范。

大学生学英语，不是要成为英语专家。我比较反感同学刨根究底地问一些用法上的问题，尤其是语法。要记住：看到以英语为母语的人写的优秀句子或用法，你就可以搬过来写；听到以英语为母语的一些有修养的人这样说，你也可以照搬，而不必去问为什么。用多了用惯了之后，这些东西就都是你自己的了。

不敢开口说英语，往往是担心自己的语音语调不标准，想把语音语调先在家练"纯正"后再和别人对话交流，其实这完全没必要。就跟每个人说普通话都会带自己的家乡腔一样，中国人说英语也可以带有自己的口音，不必觉得放不开或者不敢说。我在英国学习的时候，遇到的英国教授或者讲师，是印度人就讲印度腔英语，是中国人就讲中国腔英语，不要以为在英国就人人都讲BBC式的英语。所以想要讲一口流利的英语，前提是一定要抛弃自卑心理，勇敢开口，现在就开口。

学习效率低是学不好英语的又一个原因。很多人觉得自己每天都在学英语，但实际效果却和预想的大相径庭，这和学习习惯也有关系：不够坚持。学语言需要很长时间的浸润，最关键的一点也就在于坚持。如果一个人急功近利，一两个月看不到学习成效，就失去了学习的动力，也就犯了学习语言的大忌。如果他连续半年不学英语，肯定就把学到的仅有一点东西也忘得差不多了。更有甚者，在大二考完四级后，两年时间不再学习英语，等到考研的时候再捡起来学，到那时候肯定又是重头来过，学习效率肯定也就低了。这就是没有毅力和耐心学英语的典型例子。

学习效率低不能完全怪学生，部分原因是教材激不起学生的兴趣。一打开书本，话题很枯燥。所以我说，学习教材需要有及时性、现时性或是鲜活的特征。就拿现在大家都比较关注的"神六"来说，让我们来设想一下，如果想谈谈"神六"中人的生存状况，比如身体会出现的某些反应，太空中的垃圾如何处理等等，想讲的时候却没有词；又比如开奥运会的时候，想就奥运项目谈谈感想，开口的时候却不会；再比如，如果要去谈判，面对谈判对手时却频频词穷，空有满脑子想法难以开口，这些都是一种什么样的窘境。而上述现象产生的原因，就是我们教材中语料的时效性比较差，缺乏最及时的英语语料和相应的表达方式。如果大学每个月开设新闻英语、报刊选读之类的选修课，就可以让大家接触到一些贴近时代和当今生活的语料，也就可以很好地帮助学生把课本和现实热点结合起来。

外企中一般会用英语作为工作语言，我把这种英语叫做国际英语。国际英语不同于大学英语的地方在于，这种英语的使用者之间是一种工作关系。所以在学英语的时候应当首先明确学习目标，不要误入歧途。有的同学喜欢学俚语、俗语，觉得很时髦，但是只有很熟的朋友之间才可以很随便地说话，一般的工作关系是很不合适的，在礼仪上也是不合时宜的。实际上，国际英语指的是在各种场面交往时，可以合理使用的共同的一部分、核心的一部分。

国际英语中很庄严、肃穆的场景很少见，很至交、很随便的说法也不多，多的是在职场环境中可以使用的英语。国际英语是属于中性的，介于正式和非正式两者之间。比方说，offspring是正式用词；children是中性词；kids是非正式的用词，都是指孩子或后代。如果在正式场合或是非正式场合都说children，这是可以的；但如果在正式场合说kids，或是非正式场合说offspring，都是不可以的。

无论是在校园里接受系统教学，还是在辅导班接受培训课程，最后都要离开课堂走上社会。对于国际英语的学习来说，最重要的是要notice patterns，要注意观察，重视规律。如果三个人在开会，忽然第四个人进来，他会怎么说话？这不仅取决于会议的性质，还取决于这三个人与他的关系。如果是陌生的，或者是很好的朋友，那么语言风格也会不一样。一定要注意培养这样的观察能力，否则英语是很难学好的。

要适应外企，良好的听说读写能力是必备的，但说和写必须更加突出。我们的教学比较强调听力和阅读，而一般会忽略说和写。对于大多英语学习者来说，他们会考试会做阅读理解，但是不会表达。要实现从理解到表达的飞跃，需要一个长期的学习积累过程。大量的说需要建立在大量的听的基础上。还有写作，这里主要是指应用文写作。对于学生来说，应用文的写作能力一定要加强。现在四级和研究生考试都增加了应用文写作，这也说明考试也在向应用能力方面发展。我比较反对英语速成的说法，因为英语是不能在一夜之间学好的，它不是一个overnight miracle。英语正在走向应用，要use your English，这和实用英语（practical English）也是不同的，前者是动态的，而后者是静态的。现在所谓的一流的英语能力，不是光在考试中拿高分，还需要实际应用的能力。

大学里有没有人告诉你英语有多重要

没有人告诉你英语将大有用处，
没有人时刻叮嘱你在大学四年要把英语学好！
不要等到大学毕业、走向社会的时候才空悲切。

电影《当幸福来敲门》有这样一幕——在街上，小克里斯给父亲讲了一个笑话：一个基督徒落水了，可他不会游泳，就在水中挣扎，这时来了一条小船，船上的人问他需不需要帮助，他说："不用了，上帝会救我的。"小船就走了。然后，又来了一条大船，船上的人又问他需不需要帮助，他依然说："不用了，上帝会救我的。"最后，他淹死了，上了天堂。他责怪上帝为什么不救他，上帝叹道："你这笨蛋，我派了两条船去救你啊！"

上帝不会告诉你，他已经派了两条船去救你，是你自己漠视了上帝为你开启的生命之窗。同样，没有人告诉你英语将大有用处，没有人时刻叮嘱你在大学四年要把英语学好！不要等到大学毕业、走向社会的时候才空悲切："Oh My God，原来我的英语这么差！"

其实，并非没人告诉你，只是你不曾意识；并非没有给你机会，只是你不曾察觉。别让"上帝"与你擦肩而过，因为在大学英语学习这条河流上，我们至少拥有两次机会：

第一次，悄然而来的四级考试。

有人说："不就是个四级么，简直就是A piece of cake！"

于是临阵磨枪,侥幸通过考试,万事大吉。

有人说:"着什么急啊,兵来将挡,待我明年英语渐增,再拿下此考试!"结果年复一年,一次又一次,如此安慰,到头来英语不见长,次次挫败。

第二次,不期而至的英语六级。

有的人依然置若罔闻,继续坐等下次机会。

有的人幡然醒悟,意识到自己的英语差距,于是当机立断、下定决心提升自己的英语能力。

是把大学四、六级考试当作一个自我激励、学习英语的机会?还是面对众多的机会"岿然不动",等闲视之,做一个机会到来却全然不知的落水的基督徒?抑或是机械应付、草草了事?

英语四、六级考试就是上帝派来的那两条船。

不可否认,考试在一定程度上确能反映一个学生的英语水平,通过考试是我们的一个目的。然而真正的大学里的四级、六级英语考试,需要的不只是一个成绩单,比之更重要的是它提醒我们检测自身的英语水平到了什么样的程度,提醒我们脚踏实地地去学习英语,掌握这把国际交流的金钥匙。很多学生大三大四决心考研,结果发现四、六级都还没能考过,手忙脚乱,感慨考研英语之难;很多学生临近毕业计划出国留学,结果面对雅思、托福、GRE不知从何处入手,因为自己心里压根儿就没底;而有的学生毕业后能够将大学里学到的英语技能运用于工作,说上一口流利的英语,叱咤职场,游刃有余。但凡能在英语四、六级考试中取得优异成绩的同学,一定是把备考英语四、六级当作英语学习的过程，他们远远超越了四、六级考试，英语学好了，分数自然就上去了。面对一次又一次的机会，我们是让它擦肩而过？还是牢牢把握，顺势而上？英语四、六级犹如远航路上的一个坐标，一个灯塔，给我们一个方向，给我们乘风破浪的动力，而乘风破浪提升的正是我们真正的英语技能。

大学里没有人告诉你英语学习有多重要。但事实上，一次又一次考级的安排，已经在提醒着我们抓紧时机搭乘英语学习之舟；四、六级背后不只是一张成绩单，而是一次又一次地提醒我们应该努力去学好英语。电影《当幸福来敲门》最后，克里斯·加德纳听到幸福的叩门声，他成功了，那是上帝给予他的礼物，那是源于他自身对幸福的追求与把握。克里斯·加德纳做到了，只要我们充分把握好每一次机会，我们也一样可以做到。无论是考研，还是雅思、托福，还是职场，将英语握在手心，成功之门将为你打开！

为什么多数人学习英语只能浅尝辄止

很多人不知道怎么去学英语,
不知道怎样才能把英语学好,
其实很重要的一个原因就是他们忘了我们的母语是怎么学会的。

岁末,捋一捋一年来自己使用过的教案,看一看一年来书架上翻动过的图书,浏览一年来定格在照片上的每个瞬间,闭上眼去回忆那些欢声笑语,一切还是那样的荡气回肠。每每看到同学们拿着让自己欣慰的出国考试成绩单,我的内心总有一种莫名的感动。

参加过"2009 新航道——新浪教育中国雅思盛典"的朋友,都知道这样一个小环节:我在现场随机邀请一位同学上台跟我互动——

"你好,这是《每天读个英文好故事》,一共365篇,现在请你打开这本书,翻开第一页,上面写着:2009年2月27日开始阅读。"

的确,我是从2009年2月27日开始读起的。当我开始读这本书的时候,前面有50多天已经从我的身边过去了,有50多篇的文章我落下了。既然我决定用剩下的这一年时间读完它,那么我一定会找时间把之前落下的也弥补回来,同学们都可以看到我这本书里用不同颜色的笔,都做了标记。

"现在,请你一直往后翻,直到翻到没有标记的那一页,看一下应该是第305页了,因为今天早上我刚读完Day318这篇。确实,今天已经是2009年的第318天了。"这是在中国雅思盛典北京站总部教学区专场上我跟一位同学的互动,那天是2009年11月14日。

或许这是一个平淡无奇的环节,或许这只是一本很普通的书。然而对于我个人而言,这本书、那些笔记却是我这365天过去后英语学习最完整的缩影和见证,它能说明的不仅仅是我把一本书简单地读完了,更重要的是我做到了每日一篇,决不落下。至今拿在手里、翻起来依然沉甸甸的。

试想,我经常要去外地出差作讲座,也就意味着我随时都有可能忘记去读这本书。然而,这本书却随时都在我的身边:车上、办公桌上、电脑包里、枕头边,即便是出差去外地,我也会在旅途的飞机上按时把每天的一篇文章读好。我大学学的是英语专业,研究生也是英语专业,在英国做过高级访问学者,也相继出访过美国、澳大利亚等英语国家,现在一直从事英语教学和研究,所有的这些都离不开英语。学无止境,之所以坚持至少每天读一篇小故事,不仅仅是为了让自己能够保持学习的状态,营造一种英语学习环境,更重要的是在学习的过程中领悟坚持,领悟人生。

其实,大多数时候我们都有很多想法,有很多目标,并且开始去执行了,但是我们却只能以失败告终,为什么?就是因为没有坚持下来。其实英语的学习就是这样需要反复不断地零敲细打。在阅读的过程中我们会发现很多之前读过的故事让我们印象深刻，只要看到标题我们就能够想起它里面的内容，而有些故事则需要我们反复地看，才能够牢牢地把那些情节记住。

英语学习不就是这样的么？有些知识点我们可能很容易就掌握，而很多知识则需要我们坚持不断地重复，不断地去温习和运用才能真正掌握它们，为我们所有。语言的学习在于积累，很多人不知道怎么去学英语，不知道怎样才能把英语学好，其实很重要的一个原因就是因为他们忘了我们的母语是怎么学会的。

现在很多人似乎都喜欢追求"短期突击"，到市面上去寻找什么宝典和快速突击法，结果将注意力集中于市面上出现的那些林林总总的所谓的"秘籍"和"宝典"上。试想如果英语这东西那么容易就学会了、学好了，那为什么我们自己的语文学了那么多年还是有些东西表达起来不清楚、出错误呢！其实道理很简单，英语的学习跟汉语的学习是相通的。一开始我们在汉语中学拼音，同样英语中学音标；小学学汉字，英语记单词；小学背成语和谚语，英语中记短语和词组。如果没有这些最基本的基础，怎么能在后面的学习中循序渐进？学习的过程、原理就是这么简单，扎扎实实，有章有法，最重要的是我们要在日常的生活中把它养成一种习惯，慢慢积累，坚持下来。是我们偏要把它们想复杂了，于是越想越害怕，越害怕就越盲目地去市面上找捷径，结果东一点，西一点，左手"宝典"，右手"秘籍"，学来学去都是学到一样的内容，游离于基础知识之外，掌握的都是一些死的条条框框，考试起来不知变通，无法灵活运用。事实上，所谓的宝典和秘籍只有在我们具备了牢固的基础后才能起到应有的作用。

只有高能才能赢得高分。高能不是短时间的心比天高、有上天揽月之气势,却浅尝辄止;而是持之以恒、有水滴石穿之决心,能厚积薄发。

年复一年,一批又一批青年学子在为自己的梦想拼搏,看着他们背着行囊,抱着厚重的书籍,眼神中充满着希望与迷茫,我想他们希望的是能够学有所长,迈出走向梦想途中矫健的一步。他们迷茫的是不知道这条学习的路途是否能够一步一步迈开,最后走上一条阳关大道。我不禁又想起那些学成后充满自信和成熟的眼神,自信的是他们已经学有所成,成熟是因为通过在学习中的历练,他们已经成长。

在英语学习的道路上,在人生的旅途中,坚持方能收获成功的喜悦。让我们带着一颗坚定的心前行!

英语是怎样"炼"成的

第一,花时间了没有?
第二,重复的遍数够不够?
一篇课文搞个50遍,没有啃不下来的。

如果世界上仅有一种方法能够成功,那一定是用心,英语学习也不例外。

记得我的孩子上高一的时候,他的英语在班上还处于中等水平,对英语也没有特别的兴趣。那年刚好是北美新托福网络考试第一次开考,第一个考了满分120分的竟然是中国大陆刚刚过去的一位高中女生,她并不是美国土生土长的。人家采访她,询问学习经验,问她是怎么成功的。她回答说:"看Friends(《老友记》)看了无数遍,看电影电视、英语材料,看完后用英文写观后感、读后感。有话多写,没话少写,哪怕只写一个单词。"

在饭桌上,我给我的孩子讲了这个女生学习英语成功的故事,他听后,一颗沉睡的心如梦方醒。比起愚公移山、精卫填海那么遥远那么传奇的故事,这一个毕竟是活生生的样本。接下来在一年内,他把《老友记》看了6遍,向托福满分的那位姐姐学习。榜样的力量让他豁然开朗。

刚开始的时候,看得出来他很痛苦,看不懂,听不明白,有时候我们看着他是含着泪、咬着牙、跺着脚在那儿挣扎,也要逼迫自己去听、去学。他把自己关在屋子里看，第一遍什么字幕都不看，第二遍看中文字幕，第三遍看英文字幕，再后来基本上不要字幕……他到网上查大量的相关资料，一股脑儿地往前走。仔细地算一下：《老友记》每集20分钟，总共237集，看一遍下来大约80个小时，看6遍480个小时。在一年的时间看完，意味着每天看一个多小时。持之以恒，水滴石穿，后来他决定要去美国上大学，顺利拿到托福和SAT两个不错的成绩，自己打电话面试，跟学校咨询、交流……去了美国。这些都是他自己去规划、去努力、去坚持的结果，我们从来没有督促过他。现在他已经在美国两年了，有空时他还会情不自禁地拿出《老友记》的片段再看一看，因为那是经典。他现在对《老友记》已经熟悉到你任意暂停一个画面，他就能把后面的对话脱口而出背出来。

这让我想起最近看过的一本英文原著Outliers（《异类》），其中有个章节让我记忆犹新：一个心理学家在柏林顶级的音乐学院作了一个试验，将学院学习小提琴的学生分为四组。第一组是学生中的明星人物，具有成为世界级小提琴演奏家的潜力；第二组是被大家认为"比较优秀"的；第三组是被认为不可能达到专业水准，只可能到中学当音乐老师的；第四组是普通兴趣的业余爱好者。他们都被问到一个问题：从拿到小提琴开始到现在，一共练习过多少个小时？结果发现，在5岁到20岁之间，第一组具有成为世界级小提琴演奏家潜力的学生投入了至少10000个小时的练习；第二组比较优秀的，练习时间是8000

小时；第三组，未来只是到中学当音乐老师的，他们的练习时间只有4000小时；第四组，只是作为业余兴趣的，大约是2000个小时。后来进一步的研究和统计结果表明：不管是哪个行业、哪个领域，能够成为世界水平的人才，他的练习时间必须要超过10000个小时，他一定是真正意义上的十年磨一剑。

比尔·盖茨在回忆自己早期的成长过程时说道：大二时他决定从哈佛大学出来创业，在此前他就已经无间断地编写了7年的程序，每周编程至少30个小时，这个时间加起来远远超过了10000个小时。

对比我们的英语学习，无论是想出国留学，还是想驰骋国际职场，英语水平最少应该达到未来的音乐老师的水准，即需要花4000个小时，可是同学们做到了么？即便只是需要用英语来交流沟通，至少也要投入2000个小时。试问，我们的时间到位了么？道理如出一辙，很多人英语没有学出来，我们有没有问过自己真正花大力气、集中地去学习了么？如果拿出悬梁刺股的毅力来，还有什么铁杵不能磨成针的呢！

古人云："熟读唐诗三百首，不会作诗也会吟。"语言的输入决定输出，语言的重复决定品质！语言是靠重复习得的，重复次数不够，英语就不属于你。就像人到中年，即便十年过去了，现在不搞英语教学，但是你现在记住的英文，一定是你十几年、二十几年翻来覆去经常用的，一辈子都忘不了，就是这么简单！学习英语，没有别的办法。第一，花时间了没有？第二，重复的遍数够不够？一篇课文搞个50遍，没有啃不下来的。一篇课文5遍都没看，怎么可能真正掌握！

精诚所至，金石为开！任何事情的成功，道理其实都是很简单的。所谓的捷径，就是只要你执着地去把某件事情做到极致，最后你就一定能获得成功。

五步升级你的蹩脚语音语调

语音语调对于英语学习者来说是个门面，
所以很多人都想拥有一口漂亮的语音语调。

有相当一部分英语学习者在语音、语调方面处境很尴尬，一个单词的发音要么发错，要么发得特别清楚，但是即便是特别清楚的发音也和真正地道的英语发音有很大的距离。原因何在？说到底还是功夫不到家。到底应该怎样下功夫？下面我给大家提供一种非常有效的五步语音语调突破法。

第一步：听录音，做标记。

听录音对于英语学习者是件很普通的事情，但却很少有人能好好利用手中的录音取得满意的效果。先选择一种或几种语音比较清晰的录音材料，或者找一些语音非常好听你愿意模仿的录音材料，先听6遍，按顺序在录音材料原文上做好标记。选择录音材料时切记量不要太多，难度不要太大。英语的发音规则是相同的，练习时贵在精而不在多。

第一遍，感受录音的语音、语调。不要读出声音来，只要静静地听、仔细地感受就可以了。

第二遍，标记单词的重音(word stress)，把耳朵听到的每个单词的重音标在录音材料原文上。不要因为已经背过这个单词，知道这个单词的重音，或者查过词典就把这个单词放过去。一定要标记一次，因为在不同的语境中或者表示不同的含义时，单词的重音也会有所区别。

第三遍，标记所有单词与单词之间的连读。有些连读如果不看录音材料，很可能就不理解意思，一些固定的连读方式也要引起注意。

第四遍，标记句子的升调、降调，要体会不同的句型所使用的语调的变化。

第五遍，标记句子的重音。这与单词重音不同，例如without 这个词既可以做介词也可以做副词使用，这个词的重音很清楚，但是它在句子中出现时，如果不是特别强调这个词，一般情况下不能重读。相当一部分人在读英语句子时，每个单词都念得非常清晰，好像机器一样把每个单词都按词典里的发音念出来。但是现实生活中说话绝对不是这样。所以要注意句子的重音，一个单词本身有重音，但是这个单词在听到的句子里面并没有得到强调，它就不是句子的重心。例如：It's none of your business.(这不关你的事。)其中的 It's 就会念得很轻，同时none of 会连读，business 会重读，这些地方都要标注出来。

第六遍，标记句中的弱化。某一个音读得比较轻，甚至都感觉不到，这个音就是被弱化了。例如这样一句话：Last week I went to the theatre. last 中的t基本上就被弱化掉了，went to 中的 t 也被弱化了，但是如果不用心听是听不出来的。做完以上工作后，录音材料已经被听了6遍，语音语调的每一个环节都已经受到了关注。

第二步：狂模仿，心要细。

第一步工作做完，把该标记的东西都标记清楚以后，接下来就要开始疯狂地模仿。一段材料听了6遍以后，对它的语音语调已经印象比较深刻了，接下来的模仿就要好好下一番功夫。模仿大致可以分为两个阶段：

1. 句子的模仿。先一句话一句话模仿，把每一个句子的语音语调模仿到位，不要着急去模仿整段甚至整篇文章。可能直接模仿整篇文章的自我成就感比较大，但这样做很难关注到每个句子的细节，所以还是踏踏实实先把每个句子模仿好。

2. 段落的模仿。把单个句子模仿好之后，就可以把一段话连起来了，模仿时要特别注意句子与句子之间的衔接。

以上两个步骤将比较枯燥的模仿过程拆分开来，这样便可以各个击破、重点突出。如果不分青红皂白一上来就模仿，眉毛胡子一把抓，结果只能是事倍功半，费力不讨好。

第三步：勤朗读，练记忆。

许多以英语为母语的人很难理解，中国人学英语时为什么要做大量的朗读练习。从发音原理来讲，英语和汉语的音节组合方式大不相同，发音方式也有很大区别。中国人的发音器官实际上并不熟悉或是不适应英语发音方式。大量的朗读练习实际上是在训练发音部位，让发音器官的肌肉适应英语的发音体系。

光大量朗读是不够的，还需要练习记忆。在朗读的时候脑袋里要在播放听过的录音材料，经过前两步之后，录音材料已经深深印在学习者的脑海里了。朗读时就可以跟着脑海里浮现的声音一起进行了，不需要再听录音材料，也不要把录音上的声音彻底扔到脑后，按自己原来习惯的方式进行朗读。

第四步：找差距，再努力。

一边大声朗读，一边回忆录音上的声音。如果觉得自己的朗读和录音的确有差距，没有读出录音上的那种味道，就要返回去再听听录音材料，找其中的原因，作对比研究，看哪些地方不太像，再按第一步的方法标记一次。

第五步：再模仿，到满意。

返回去听录音材料找到差距后，就要努力再进行模仿，这样循环往复一直到满意为止。

语音语调对于英语学习者来说是个门面，常常会在一些场合引导别人对学习者的英语水平进行评判。所以很多人都想拥有一口漂亮的语音语调。真正要达到这个愿望，非得下一番苦功夫不可。

什么英语单词值得你背记

如果发现这个单词的意思在中文交流中很重要,
那么这个英文单词就具有相应的交际价值,
像这样的单词就应该记住。

我们是不是每碰到一个新单词就想把它记住呢？这既不明智，也没必要。因为英语和中文不一样，中文字数有限，一般人掌握六七千字就足够。而英语词汇量巨大，上海译文出版社的《英汉大词典》收录单词20万条。数量如此之大，我们必然要有所选择。英美大学毕业生掌握的单词平均在两万到五万之间。如何进行选择才比较恰当呢？我这么多年学英语、教英语，总结出来一个原则，即交际价值原则(the principle of communicative value)。这条原则是指，根据英语单词对应的中文意思在交际中是否有价值，来判断是否值得记忆。

比如说，看文章的时候碰到一个新单词，如果发现这个单词的意思在中文交流中很重要，那么这个英文单词就具有相应的交际价值，像这样的单词就应该记住。有些单词在中文里很少用到，词义很偏僻，就没有必要花时间去记忆。我在教TOEFL阅读的时候讲解过这样一篇文章。

All whales fall into two groups, those with teeth and those without. Both beluga and dolphin belong to the suborder of toothed whales known as Odontoceti, along with porpoises, narwhals, pilot whales, killer whales and the largest creature in the world, the sperm whale...

The toothless, or baleen, whales belong to the suborder of Mysticeti...

文章第一段提到了7种鲸的名称，beluga, dolphin, porpoise, narwhal, pilot whale, killer whale, sperm whale。除了dolphin（海豚）在日常生活中会提及以外，其余的都很少用到。这种专有名词就没有必要去记，可能一辈子都用不上一次。

一个词的交际价值可能会因人而异。这篇文章我教过上百遍，但除了dolphin以外，其余6种鲸的名字我都没有记住，原因是它们对我来说没有交际价值。我只需要知道与鲸对应的单词是whale就可以了。但是，如果是一个海洋生物学家看这篇文章，他就会用心去记所有的名字，包括那个亚目的名字Odontoceti，因为这是他需要掌握的专业内容，写论文、作报告都要用到，对于他来说就有交际价值。

这一原则在英国孩子中间也得到了印证。请看以下报道：Britain is turning into a nation of "tabloid spellers"—spelling Jane Austen is a far bigger challenge for children than getting David Beckham's name right. A survey carried out by Oxford University Press in research for a new dictionary showed that only 32 percent of school-age children could spell Shakespeare correctly. Only eight percent managed Jane Austen—variations such as Jayne and Jade proved especially popular. But JK Rowling did at least win top marks for teaching the children of the world the joy of reading with her Harry Potter sagas. The young magician's school—Hogwarts—was spelt correctly by 85 percent of the kids polled. Vineeta Gupta, senior editor of Oxford's Children's Dictionaries, said:"We were surprised at how many children managed to spell even quite difficult words correctly if they had a connection with popular culture that caught their imagination."Nearly 15 percent, for example, could spell metatarsal, a word almost unheard of before David Beckham's pre-World Cup fitness problems.

英国正在变成一个"小报拼写者"的国度——对英国的孩子来说,简·奥斯汀的名字要比大卫·贝克汉姆难拼写得多。牛津大学出版社为编纂新词典进行了一项调查,发现只有32%的学龄儿童能正确拼写"莎士比亚"。能拼对"简·奥斯汀"的人更是只有8%——事实证明把Jane错拼成Jayne或Jade的人尤其多。起码在让孩子了解阅读的乐趣这方面,罗琳和她的哈里·波特系列传奇做得非常不错。接受调查的孩子中有85%拼对了少年魔法师的学校名称——"霍格维茨"。牛津出版社负责编纂儿童词典的高级编辑维尼塔·古普塔说:"我们很吃惊,有那么多孩子能正确拼写一些甚至相当难的单词,只要这些词与左右他们想象的流行文化有关。"举例来说，将近15%的孩子能拼写metatarsal（跖骨）一词，而在大卫·贝克汉姆于世界杯前夕发生伤病问题之前，几乎没人听说过这个单词。

且不说这种现象是否应该引起社会担忧，单就这一事实而言，它反映了英国孩子注重实用性的特点。因为他们关心的、讨论的是流行文化，与此相关的东西自然有交际价值，而那些著名作家、甚至是文学巨匠，在他们心目中的重要性却不及一本书中虚构的一所学校。至于造成这种现象是何人之过，我们在这里不做评判。但是，有一点是可以肯定的，这不能责怪孩子们，因为他们是被引导的对象。他们只是根据自己的需要作出选择，或者更确切地说是被别人引导着作出了选择。他们选择的是对自己有用的东西。

你的交流如何更加得体

如果拥有用英语进行得体交流的能力，
就迈出了走向成功的坚实一步。

一、文体意识日趋重要

随着对外交流的日趋频繁以及英语的越来越普及，英语学习的重点也有所转变。以前，我国的英语教学特别重视语言知识的传授和掌握，而现在已经过渡到语言知识与语言技能并重的阶段。无论是国内的四、六级考试，还是国外的TOEFL考试，都是为了顺应这个趋势，进行了相应的改革。考试的改革反映了一种普遍的社会趋势，即对交际能力的重视。学习英语的最终目的并不是通过考试、取得证书，而是掌握语言技能，为我们的生活和工作创造更好的条件。

交际能力可以概括为"什么人——在什么场合——在什么条件下——对谁——说什么——怎样说"。交际能力的提高有赖于文体意识的培养。什么是文体意识？在口语表达方面，套用中国的一句俗话，就是"见人说人话，见鬼说鬼话"，根据不同的对象确定不同的表达方式。我们每个人在生活中都扮演着不同的角色。比如说，一个在校大学生对于老师来说是学生，对于班里的其他人来说是同学，对于父母来说是孩子，对于做家教时辅导的小孩来说是老师。在这些不同的人面前，同一个人有着各种不同的身份，因此就应该用不同的语言和方式与他们交流。在说汉语时，为了适应不同的说话对象，我们都会自然地调整自己。学习英语同样要注意这种文体意识，否则，即使你说的话没有语言上的错误，别人也会觉得你的话不得体。在书面表达方面，文体意识则是根据读者、题材及行文的要求，确定文体特征。

二、文体意识的缺乏

文体意识的重要性日益明显，那么学习者的实际水平如何呢？中国人学英语学了很多年，有的人在课堂上回答问题对答如流，有的人在考试中得满分，但是一旦到现实生活中交流就失败，到了国外寸步难行，不得不重新开始学。用一句话概括，中国学生的问题在于说英语的时候talk like a book，写英语的时候write like a baby。

talk like a book 是指说英语的时候用的都是书面语。在参加IELTS口语考试的时候，考官问考生来自哪里。一位考生来自北京，就把书本上对北京这个历史文化名城的介绍一字不漏地背出来，结果还没有讲完，就被考官打断了。因为考官问这个问题的目的只是了解一些个人信息，只需要简单回答即可，没有必要展开。况且，书上的介绍是书面语，不适合口头表达。

在写作的时候，大多数学习者的表达都非常口语化。例如，如果要写这样一句话：我访问了一些地方，遇到了不少人，要谈起来，奇妙的事儿可多着呢。大多数人都会这样写：I visited many places, and I met a lot of people, and I have a lot of wonderful stories to tell you.

从语言角度分析,这个句子并没有任何不恰当之处,但是却存在严重的文体错误。这句话非常口语化。短小的句子一般适用于口语,而不应该出现在作文当中。如果把这句话作如下修改,就显得很得体:There are many wonderful stories to tell you about the places I visited and the people I met.

再看一个例子:

In addition, maybe no one has told them what is good and what is bad, and they are too young to distinguish right from wrong. So they commit some crimes without awareness.

They may follow the actions of the heroes on TV, such as speeding, fighting and something like this.

这两段话摘自一位IELTS考生的作文,文中有两处明显的文体错误。maybe 和 something like this 都是口语化的说法,显然不适合用在学术性的作文中,可将前者改成perhaps、it is possible that,将后者改成具体的other dangerous activities。

中国学生之所以在口头和书面表达时文体意识不强,主要是因为没有了解中英文之间的文体差异。

三、中英文体差异

英语的文体大致可分为五种:庄严文体(frozen style),正式文体(formal style),中性核心文体(neutral style),非正式文体(informal style)和随意文体(casual style)。庄严文体非常庄重、严肃,经过反复推敲,读者在理解之前需要先"解冻"。庄严文体多见于非常正式典雅的文学作品、法律文件、历史文献等。正式文体主要适用于正式场合。中性核心文体适应范围较广,适合大多数场合。非正式文体用于非正式场合。随意文体主要用于关系比较亲近的朋友、熟人之间。

同一个意思,在不同的场合就需要有不同的表达法。下面五段对话中的第一句都是询问别人是否同意,但因为所处场景不一样,询问方式也不同。

Casual(随意文体):

A: You wanted the chicken salad, yeah?

B: Yeah. Did you already order for me?

A:你想要鸡肉沙拉,对吧?

B:是的,你已经给我点了吗?

可以猜测,两个人可能是同事,朋友,或者是家人。其中一个人先到餐厅,因为俩人关系密切,非常了解对方的喜好,已经帮他(她)把最喜欢的菜点好了。

Informal(非正式文体):

A: Calvin said he was taking your car to pick up Lisa from the airport and he wanted to know if it was OK by you?

B: That's fine, but tell him to be back before six o'clock. I have a date at seven.

A:加尔文说他要用你的车去机场接莉萨,他想知道你同意不同意?

B:没问题,但要告诉他6点以前回来,我7点有个约会。

A说的话比上一段对话中的稍微正式一些,但因为有OK,仍属于非正式文体。A帮助第三个人问B是否愿意把车借给他。这里,A和B的关系可能比较熟悉,以第三者的口吻提出借车。

Neutral(中性核心体):

A:These figures seem a little off. Don't you think so?

B:Maybe we made a mistake on the math. Should we check it over once more?

A:这些数据好像有点偏低,你不觉得吗?

B:也许我们计算出了点问题,我们要再检查一遍吗?

"Don't you think so?"这句话较为普遍,适用于多种场合。这段对话可能发生在两个同事之间,他们就计算数据的正确性进行讨论。

Formal(正式文体):

A:The governor made an announcement today that he would sign the proposition to increase school funding. I wonder if you would agree with his decision.

B:I don't disagree with the decision to increase funding to schools, but there are many other issues involved. For example, from where will the additional funds come?

A:州长今天宣布他将签署增加对学校投资的建议,我想知道您是否会同意他的决定。

B：我不反对增加学校投资的决定，但它涉及的问题很多。比方说，追加的资金从哪里来？

这段对话涉及到财政问题，很有可能是政府官员之间的对话，或者是记者采访某一位教育专家请他就州长的新决定发表看法。总之，场合较为正式，选择的表达法也相应正式。

Frozen（庄严文体）：

A：At the meeting today, there was a motion to restructure the accounting division. Would you concur with such a suggestion?

B：I believe that is a suggestion worth looking into.

A：在今天的会上，有一个关于改组会计部门的动议。您会同意这样的建议吗？

B：我相信这个建议值得考虑。

A 用到了concur一词，使说出来的话显得非常慎重。这段对话可能发生在公司管理者对总裁汇报工作的时候。

中文文体种类没有这么丰富，只有口语、中性和书面语三种。下面三句话中，"功德""成功""功劳"是近义词，分别用于三种文体：

①我愿意把火箭这一仗取胜的功劳给火箭队全体，而不是姚明一个人。（口语）

②中国首次载人航天飞行取得圆满成功。（中性）

③无偿献血用真情、用真爱提升着我们的社会，无愧于"功德无量"！（书面语）

四、如何培养文体意识

虽然英语有五种文体，但学习者需要区分的主要是正式和非正式两种文体，重点掌握中性核心体，因为大部分学习者学英语的目的是用英语交流，而不是成为英语研究的专家。区分正式和非正式的文体能让学习者作出合适的选择，避免说话或写作不得体，而中性核心体是万能的，可广泛用于各种场合。

文体意识可以通过以下的途径来培养。

1．接触鲜活语言素材

对文体有了大致了解之后，就需要接触大量鲜活的语言素材，不同的语境形成了不同的文体，因此必须在真实的语境中逐渐培养文体意识。语言素材的种类很多，包括书、磁带、VCD、DVD等。选取时要把握"原汁原味"的标准，素材内容应确确实实反映真实生活，这样我们就能够为自己营造英语小环境。其中，看原版电影或电视剧是一种既有趣又有效的方式。

2．观察点滴生活细节

如果有机会身处真实的英语环境中，那无疑是提高文体意识的好机会。但也有的人在真实的语言环境中却没有获得提高，坐失良机。有的中国人在美国或英国住了几年，英语并没有什么实质性的提高，至少在说话、写作的得体性方面没有什么突破，这是活生生的事实。我们身边有这样一些人，他们的出发点往往是好的，但说出来的话却会伤害别人，原因是这些人"不会说话"，不懂说话的方式方法，不知道在什么场合对什么人说什么话。

在真实的英语环境中，提高文体意识的最好方法是仔细观察生活中的点点滴滴，在生活中学习。在国外，你可以有意识地经常到公共场合去，听听当地人是怎么说话的。比方说，在餐馆里，顾客如何对侍者的服务表示感谢；在火车上，两个陌生人之间如何攀谈；在公园里，家长如何逗孩子玩。我们可以从这些生活片断当中吸取语言的精华。在国内，我们也可以多接触一些以英语为母语的人，有些地方外国人比较集中，比如一些留学生众多的大学附近，一些有中国特色的场所，如北京的琉璃厂等，学习者可以尝试到这些地方多听听，多看看。

3．学以致用

最后一步也是最关键的一步，那就是在生活和工作中使用学过的东西。每个人在生活中都会扮演多重角色，同样一个意思，因为场合和对象不一样，表达方式也会有所变化。

现代社会越来越重视人际沟通的能力，这已经成为优秀人才的一个必备素质，而语言是否得体则是一个重要的衡量标准。中文交流是如此，英文交流也是如此。如果拥有用英语进行得体交流的能力，就迈出了走向成功的坚实一步。

英语表达中除了说更要"做"

你站在那里什么也不用说，
但实际上你的体态语言已经说明了一切。

中国学生往往意识不到，在用英语进行表达的同时，还伴随着体态语言。英语中有一句谚语是这样说的：Actions speak louder than words. 这句话的underlying meaning（内在含义）是"事实胜于雄辩"，我们不妨把它理解成Your body movements speak louder than your words.（你的体态动作比你的语言更有力量。）你站在那里什么也不用说，但实际上你的体态语言已经说明了一切。世界上最大的猎头公司Korn/Ferry International的人力资源专家的统计结论显示，"In a job interview, you will be virtually fully judged within the first 30 seconds, even before you start to talk."（在工作面试中，你甚至还没有开始讲话，面试官实际上已经在30秒之内对你有了全面的评价。）这其中：

visual（what you see，你所看到的）占55%；
audio（what you hear，你所听到的）占38%；
content（what is said，你们真正的谈话内容）占7%。由此可见，体态语言在交流中扮演着重要的角色。而在体态语言的具体应用上要注意哪些方面呢？

第一，在与西方人面对面谈话的时候，要注意保持一定的距离(keep a certain distance)。当然，不同社会文化习俗的人保持的距离是不一样的。对英美人而言，这个距离是3英尺，如果是面对东欧人和南美人，这个距离还可以再近些，但仍要在2英尺以上。

第二，在跟英美人第一次见面相互握手的时候，一定要有点力度，如果握起手来有气无力，或者只伸出手指尖来给人握，就会给对方冷冰冰的感觉，英文中管这种握手叫做wet handshake。男女之间的握手一般是女方先主动伸出手来，男子不必主动；女方若不伸手，亦可点头致意。西方人之间（特别是亲属和关系密切的朋友）的见面礼还有拥抱和亲吻，这个我们暂时还用不到。

第三，必须特别指出的一点是eye contact（目光交流），是否有这种目光交流是表明你自信与否的重要手段。在中国，受几千年传统文化的影响，尤其是在面对长辈的时候，我们会尽可能避开他们的目光，尽量表现得谦虚、恭敬。但是，在外国人看来，这是一种不诚实的行为，你的话的可信度会大打折扣，甚至他会怀疑你在说谎。这是我们中国学生在申请奖学金面试和找工作面试的时候最不注意同时也是吃亏最多的地方。还有一些body language（体态语言）是西方文化里面所特有的，比如：

①winking（眨眼睛，使眼色）：to convey a message, signal, or suggestion（传达信息、信号或建议）。

②shrugging（耸肩）：to raise the shoulders, especially

as a gesture of doubt, disdain, or indifference（抬高肩膀，尤其作为一种表示怀疑、蔑视或漠然的姿式）。

③wagging the index finger（摇动食指）：disapproval, warning（表示不同意、警告）。

④thumbing down（拇指朝下）：a "no" sign（表"不赞成、不支持"的符号）。

⑤chewing fingernails（啃手指甲）：indicating stress, worry etc.（表示压力、焦虑等）。

有一些动作是中国文化里所特有的，比如：

① covering one's mouth with one hand while speaking（说话的时候用一只手掩着嘴）：saying something secret（说秘密的事情）。

② staring at strangers（目不转睛地盯着陌生人）：showing curiosity（表示好奇）。

③pointing to one's own nose with an index finger（用食指指向自己的鼻子）：an "It's me" gesture（表示"这是我"的手势）。

④ holding an object with both hands when offering it to sb.（双手捧着某样东西给某人）：showing respect（表示尊敬）。

以上种种，在和英美人士交流的时候，你得学会灵活运用。有的同学可能会说，在国内的语言学习环境里，平时很难接触到外国人，我们如何能够归纳出得体的体态语言的系统呢？实际上很简单,你可以看英语电影,你把电影从头到尾看一遍,观察里面的体态语言。记得曾经有这样一篇文章,叫做《你开口,就成功》,专门讨论善于表达自己的意思在大学生毕业求职时的重要性。笔者由此联想到了中国学生的英语学习,"你开口,就成功"真是一语道破天机。因此,做任何一件事情,首先就要对自己充满自信,自信是一切成功的基础。

英语书面表达"十字真经"

研习、背诵、默写、互译、模仿,
英语写作能力的真正提高有赖于这10个字归纳的五大策略。

英语的书面表达一直就是英语学习的瓶颈。在此,我向各位学习者提供突破英语写作的10字建议,即研习、背诵、默写、互译、模仿,概括出培养写作能力的5个方面,如能严格遵循,定能柳暗花明。

1. 研习

"没有规矩,不成方圆"。对于一般英语学习者而言,写出优秀的文章有赖于后天习得,但并不意味着机械背诵、生吞活剥,或者照搬照抄、人云亦云。所谓研习,需要有独立思考和个人的判断,本着"他山之石,可以攻玉"的精神,汲取文章的精华部分加以研究。研习主要侧重两个方面,包括文章章法和语言表达。文章章法指文章的行文思路、布局谋篇、结构安排、逻辑顺序。许多学习者面对一个话题,可能存在两种不同的困惑,一是下笔千言,但离题万里;二是思绪万千,却无从落笔。导致这两种困惑的根源,皆在于欠缺思考问题、组织思路的恰当方式,以至于文章不得要领、章法紊乱。这就要求我们从全篇脉络角度多研习范文,之后领悟如何以演绎法行文、怎样用归纳法谋篇以及如何围绕特定话题拓展思路等等。此外,研习还要侧重于语言表达，包括遣词造句和句子、段落之间的各种衔接手段，以期在自己日后的写作中派上用场，因为中英文写作皆同一理。只有善于借鉴，勤加研究，才会借他人的优势和长处，提高自己的写作水平。

2.背诵

背诵是提高写作的又一有效途径。要学好写作，首先要处理好语言输入与输出之间的关系。前者是后者的前提条件。如果头脑空空如也，就根本谈不上写出像模像样的文章。只有读过大量东西，并且有意识地将其中精彩部分储存于记忆之中(commit the highlights to memory)，才能保证下笔流畅、文通字顺。因此，背诵对于写作极为重要。但背诵不是机械记忆，而是有选择地背诵，是有意义地记忆。因为机械背诵的结果要么是记忆很快就荡然无存、了无痕迹，要么是无法活学活用、付诸实践。背诵包括五个方面：重点词汇、常用套语、精彩句子、优秀段落、经典篇章。

3.默写

默写也是提高写作的一个重要环节，即把背熟的东西付诸笔端。这个过程不仅是为了检验自己的记忆效果，更为重要的是训练正确的书面表达能力。在英语学习中，我们少有机会动笔写英文，长期以来，手笔生疏，导致提笔即错。再者，由于受汉语思维和习惯的种种影响，在潜意识里容易犯一些英语表达错误。普遍存在的语言错误主要体现在主谓搭配、时态处理、冠词用法、名词单复数形式、单词拼写等方面。尤其在单词拼写方面，很多人混淆词性，把society，economy，difficulty 写成social, economic, difficult；再如字母位置错误，将true, tired, modern 写作ture, tried, morden。这些看似微妙的错误如果不有意识地加以克服，可能会发展为根深蒂固的习惯，成为写作中的重大弊病。通过默写，写出曾经记诵过的段落字句，之后自我查验、批改，发现并纠正在动笔中的错误，可以有效克服自己潜意识中的英文错误，提高实际写作时的熟练和准确程度。

4. 互译

能够在英汉两种语言之间自如转换是英语学习的一个最高境界。尝试英汉互译，即把英语文章翻译成地道汉语，间隔数日再将汉语翻译回英文。英文和汉语在表情达意方面存在着诸多差异，可惜学习者往往观察不足，领悟不深。通过互译训练，比较异同，可以强化我们对两种语言之间差异的认知，可以加强英语表达能力。在复原成英文的过程中，词汇表达、句式结构、段落组织、篇章布局等各个方面、多个角度都得到复习。同时，可以有效避免中国式英语在作文中的出现。中式英语在书面表达中屡见不鲜，根源在于学习者受到汉语表达和中式思维的制约。英汉互译有助于冲破两种语言习惯的壁垒，有助于超越两种语言思维的障碍，有助于思维与表达取得和谐的统一，有助于将中文的思想地道流畅地传达为英语语言。互译的实质在于巧妙地借翻译手段促进英语的创作性表达。

5. 模仿

在自己写文章时，应有意识地调用以前的积累，正向迁移，融入自己的写作，包括语言表达、文章章法、写作技巧等，最终达到学以致用的目的。如果记忆中有像Not that I loved Caesar less, but that I loved Rome more. （不是我爱凯撒浅，而是我爱罗马深。）这样的经典名句，当写作有关英语学习的文章时不妨模仿其句式：Not that we can't master English, but that we have not been willing to take pains. （不是我们不能掌握英语，而是我们不愿付出努力。）正如学好书法常要描红，学好绘画常须写生一样，写好文章则需要模仿。Beauty imitated is beauty recreated.（模仿美就是创造美。）赋予经典的表达以新的内涵，这也是一种创新。模仿他人目的在于提高自己。模仿与借鉴为写作所必需。总之，Good writing favors the prepared mind.（好的写作总是照顾那些有准备的人。）英语写作能力的真正提高有赖于上述概括为10个字的5大策略，望朋友们勤之勉之，将其融入自己的学习实践，打下坚实的语言基础，真正实现从阅读到写作的飞跃，达到英语读写能力的完美统一。逐步积累，有所准备，需要之时就可以手到擒来，应对自如，使英文写作成为自身的一项技能。

我坚持，我成功！
I will persist until I succeed.